中国画报出版社 · 北京

做一个任性的 30+ 2
命中注定遇见你 4

夹克	Jacket	6
背带	Overalls	28
不好好穿衣	Slouchy	50
长袖子	Long Sleeves	74
大耳环	Big Earrings	96
大地色	Earth Tone	120
衬衫	Shirt	140
露脐	Crop-top	164
迷你裙	Mini-skirt	182
破洞牛仔裤	Ripped Jeans	206
套穿法	Mix & Match/ Overlapping	226
内衣外穿	Inside Out	246
运动	Sports	270
长外套	Long Coat	296
针织	Knit	318
超大号	Oversize	346
口号衫	Slogan Shirt	362

《FB 范儿》5 周年拍摄花絮 386
为了所有的那些未曾改变 390
鸣谢 393

做一个任性的30+

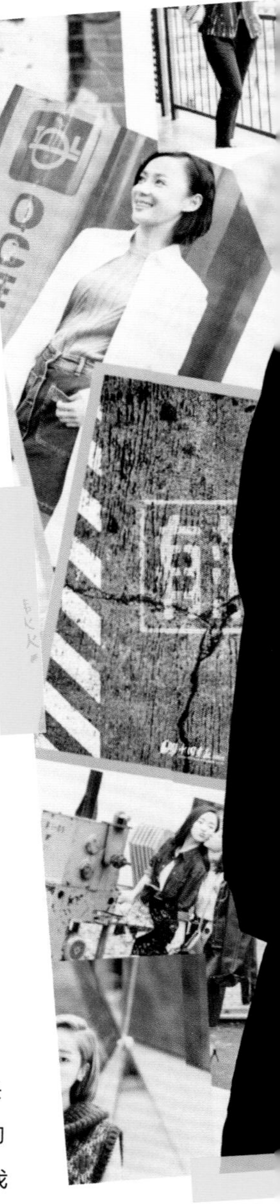

那天朋友发给我一段话。

“30岁的年纪，你偶尔还是会想不顾一切地爱一回。可是你懂得太多道理和规则。你就站在那儿，犹豫着，害怕着，试探着，然后默默地埋了一切。30岁，还是看不清，什么是好的时机，什么是对的人。你还有爱，却没有把爱拿出来的勇气。”

尽管我一直认为自己是“90”后，但看到这段话，还是被打动到了。谁说不是呢，我们还没来得及学会如何做一个大人，就已经成了各种责任的担当；我们还没过够任性、毫无顾忌的生活，就不得不学会犹豫然后面对生存和未来；我们还想奋不顾身、毫无保留地冲动去爱，管你有没有车子、房子、存款，喜欢上就放下所有跟你走天涯……但是，大多数人，真的，就如上面那段话所说，试探了，顾虑了，害怕了，然后默默地把一切埋了。

还好，我不是大多数人中的一个。
无论对感情，还是对热爱的事，我都保留着最初的冲动，那种想起来会激动的冲动，那种拎起包就敢跟你走的冲动。也是带着这种冲动，这本书，我们做到了第五年。

“冲动是魔鬼”，这是朋友经常会教育我的事儿。坦白讲，因为冲动，我受过伤，做过错的决定，错信、错爱过人……但有时我会想，如果真的有一天，我终于不负众望地成了不感性的韩火火，不会几杯酒下肚就勇敢奔爱的韩火火，事事都考量赔赚的韩火火，那还是我吗？我想也许那样的一个理性火，纵然刀枪不入，纵然不会受到伤害，纵然安稳……却总觉得缺失了什么，反正就是活得不带劲儿。

生活很累，压力都有，没有一件事儿是容易的……可越是这样，我就越觉得得做点儿真的能让

自己振奋的事儿。很多人都说，越长大就越难让自己动心，其实不是真的没人出现，没事发生，而是自己给心上了锁。介意的多了，挑剔的多了，忧虑的多了，害怕的多了……还动心个屁啊。

所以，哪怕永远被说幼稚，哪怕还是会受伤，哪怕还是赔钱了，哪怕还是会自作多情、自作自受……我也想，弱弱地，就这样继续，哪怕只是为了心动的那个瞬间，哪怕只为了那股子想起来就觉得燃的劲头儿。

最后，我想说的是，请各位亲朋好友，各位领导大人，各位粉丝老婆，允许我就这么任性下去吧。我会带着我的那一点点心动和冲动，继续把这本书拍下去，再拍几年我也不知道，但，如果可以的话，就陪我一起吧。

我们会用最真诚的奔波和汗水，拍好你即将看到的每一页，与钱无关，与美有关，与初心，有关。

命中注定遇见你

跟火三年前相识，匆匆一面，没有过多寒暄，火一句“试试吧”，从2014年的纽约时装周到今天，这一试就是三年多。熟了以后，有一次火跟我说，当时接我的造型他心里挺没底的，而我笑嘻嘻地看着他，假装听不懂的样子。

我曾是一个疏于打扮的人，比起生活中其他更精彩的事情，总是不愿把时间花在打扮上，可碍于我从事了一个不打扮就没办法出门的职业，只能硬着头皮逼迫自己。从随便穿个衣服都被人评得乱七八糟，到现在随便穿件衣服都能得到好评，这个过程中经历了什么只有我们知道。我自认固执，可那些固执的坚持、绝对不穿的禁忌都在被火一点点打破，可很多时候他又跟我站在一起。

我固执地偏爱白色，记得合作的第二年，我突然对他说：“我们今年走全白的风格吧。”我以为他会不假思索地拒绝，本来适合我的选项就不多，再加上颜色的限制，简直是一项不可能完成的任务。可没想到他一口就应了下来，甚至比我更加兴奋，只是补了一句：“偶尔也要穿穿黑色。” 我想他自己都不知道他比谁都更喜欢挑战，比谁都更害怕无趣。无趣多么可怕，这么多年过去了，他还保持着对时装的初心和热情，这比什么都要珍贵。

我还记得他第一次在我家搭配衣服时专注的样子，他有我喜欢的男孩子的很多样子——消瘦、清冷、沉默。这一切都没有随着我们越发熟稔而颠覆，虽然他偶尔对我娇嗔，可我清楚我们是没戏啦。每每这遗憾涌上心头，我们会在聊天群里感慨说要做彼此的备胎，引来无数好友附和。

我想，也许有一天我不做演员了，终于可以随便穿个衣服出门而不介意别人的评价的时候，我还是需要你，需要你站在人海尽头，看着彼此有多幸福。

在全人类的衣橱里，夹克都能排进前三名好穿的目录之中，不分男女。它总是能轻松地在经典和创新之间肆意游走，并且绝不仅仅是旧瓶装新酒那么简单，因为夹克的功能实在太丰富了，内搭外穿都难不倒它——有了百搭这个标签，难道它还不值得你收入囊中吗？跟我一样喜欢皮夹克的人大概也对皮夹克上那略带植鞣和机油的淡淡气味念念不忘吧，还有西装夹克那刚柔并济的肩线。对的，这就是一种时尚的味道。

夹克最经典的款式就是有着长拉链装饰的机车夹克和西装夹克，一提到“机车”，大家又都明白了这肯定是从男装“偷师”来的时髦单品吧？不得不说男装实在有太多值得女装借鉴的宝贵款式了，略显粗犷的中性风，线条挺拔又硬朗，这也是现在最流行的爆款。夹克的廓形多为合身，长度及腰，既能显得下身修长，又有余地令里面的心机小内搭露出来。作为一件满分的外套，它的造型功力也不容小觑，就拿最基本的黑色夹克来说吧，一件白T恤加上牛仔裤就是标准的高街范儿；换上少女感觉的碎花连身裙也能性别平衡；与蕾丝内搭也可以刚柔并济；穿上造型简单的阔腿裤或者钟形裙立刻变身时髦上班族；一些欧美的街头少年也喜欢在机车夹克里内搭一件连帽衫，为此还衍生了一些假两件的帽衫机车夹克……条纹衫、低胸背心、白衬衫什么的更不用说了，机车夹克全部手到擒来。时髦的造型师也常把夹克作为内搭跟廓形大衣一起现身，令造型更富层次感。近几年来超大廓形的夹克也顺势而出，搭配破洞牛仔热裤立刻变成摇滚辣妹；换上同样超大的阔腿长裤又变得复古摩登。而作为与时俱进的经典款，它也没有停止对新材质的开拓，经典的皮革款历久弥新，是可以穿一辈子都不过时的尖儿货好物；亮眼的漆皮款年轻帅气，流行朋克都难不倒它；还有最近比较流行的毛呢款，在秋冬可是比大衣更要拉风的存在。当然还有镶满了铆钉的重金属感觉夹克、满是贴布图章的帅气街头款、充满了浓浓波希米亚风情的麂皮流苏款、颜色出挑的撞色款、超长款式的西装款……选择相当的丰富。想把夹克穿得好看容易，但要穿得时髦，那可就需要一点儿小心机了。利用一些金属质感的配饰，或者是全黑造型，又或者是拉风的墨镜或者小丝巾，这些都是《FB范儿》要教你的进阶版时髦法则。

说了这么多嘴皮子都要磨破了，我们还是用事实说话，看看下面这些《FB范儿》潮人们是如何用一件夹克来交出时髦的满分造型的吧，赶紧偷师学起来！

cr. 外套 Gucci T恤 DO NOT TAG 裙子 MUGLER from JOYCE 包 Givenchy by Riccardo Tisci 鞋 Jimmy Choo

fig. 宋佳

cr. 西服套装 KENZO 鞋 BING XU

FB16
01 Jacket
14
李丹妮
cr. 外套&毛衣&裤子&鞋 CÉLINE

fig. 尚雯婕

cr. 外套&裤子 Stella McCartney T恤 DO NOT TAG 包 Rfactory
墨镜 Gentle Monster 项链&戒指 CHAUMET

TAKE OU
COFFEE
SHOP
CAFE ON

fig. 高圆圆

cr. **皮衣** Acne Studios **T恤** III VIVINIKO **裤子** MO&Co. **腰间外套** AKOP **包** Chloé **鞋** ONDUL'圆漾

觉得黑白造型无趣？
试试系一件亮色外套在腰间吧！

fig. 纪凌尘

cr. 外套 Levi's® T恤&裤子 PEACEBIRD MEN

fig. 蒋劲夫

cr. 外套&裤子 PEACEBIRD MEN 衬衫 Prada

fig. 韩火火

cr. 外套&包 Burberry 裤子 Saint Laurent 鞋 Louis Vuitton 帽子 Club Monaco 墨镜 Ray-Ban

什么才是夹克的正确打开方式？
毛线帽、墨镜、一脚蹬，总之，
是所有的心机小配饰。

fig. 蒋劲夫

cr. 皮衣&T恤 PEACEBIRD MEN 裤子 H&M 鞋 Vans

fig. 王珞丹

cr. 皮衣&裤子 MO&Co. 包 TOD'S（大）DISSONA（小）

fig. 陈妍希

cr. 夹克&包 TOD'S T恤 MO&Co. 半裙 ZARA

fig. 欧阳娜娜

cr. 外套&包 CHANEL T恤 DO NOT TAG 牛仔背带裤 H&M

fig. Angelababy&韩火火

cr. 左 外套&卫衣 PEACEBIRD MEN 裤子 DO NOT TAG 墨镜 Miu Miu
右 外套 Burberry 背心 MUSIUM DIV. 项链 CHAUMET 耳环 Prada

《想变回18岁和国民弟弟来一场纯纯的恋爱？你还需要一条背带裤！》《今季，你的衣橱里还差一条背带裙！》《你和高衣Q的她还有一双背带的距离！》《一条背带裤，搭出N种风格，减龄必备单品今天你Get了吗？》《穿上背带裙，立刻少女气息满满！》……这样的标题，是不是耳熟能详？关注时尚资讯的你一定被时尚编辑和博主们安利过很多回了。背带的火爆程度不需要我多说，恐怕外星人都知道了。就算你不关注秀场，不看街拍，但是随便去各大购物广场逛一圈，你也会发现，大部分品牌都把背带装展示在了显眼的位置。这边某某明星穿着放下一根肩带的背带裤内搭毛衣登上杂志和某某撞衫的新闻刚刚刷遍微博，那边国民女神穿着背带裤内搭毛衣秒变18岁的照片就又来洗眼了。我知道时尚的你也一定在N年前就穿过了，谁还没有一条背带裤啊。但随着最近复古风的大热，背带这种谁穿谁18的神奇减龄单品正式回归了！无论是国外的明星，IT Girl如Taylor Swift、Alexa Chung、Gigi Hadid等人，还是国内的明星潮人如我们2O和火火、宋小花等，几乎每个人都会有穿背带裤或者背带裙出街被拍的照片，身为时装精的你，敢说自己衣柜里没有一款背带装？恐怕随随便便就能翻出N条来吧，因为它是减龄单品，扮嫩神器啊！

不过当下流行的背带，并不局限于复古的背带裤款式，它已衍生出多种不同风格的时髦款：背带短裤、背带中裤、背带阔腿裤……还有一些设计，是单纯的裤装或者裙装上加背带，最常见的是背带裙（背带A字裙、背带包臀裙等）。材质也不再局限于工装牛仔，还有皮革、棉质等。所有这些因素同时被演绎出最具时代感的摩登气息。当然背带装还有一个好处，就是最好搭、最百搭，而且搭起来还很好看。即便是同款，根据所搭配的紧身T恤、针织衫、衬衫或者宽松卫衣、粗棒针麻花编织毛衣的不同，也会呈现出或复古甜美或清新可爱，或硬朗或慵懒的面貌。而且会让你的两件式搭配比单纯的上下两件式看起来丰富很多。春夏，背带裤可以搭配T恤或者卫衣穿，秋冬，内搭柔软针织衫一样时髦，什么？今年你还没有穿背带装，那赶紧翻出时下最in的背带装，凹个造型吧。

fig. 刘诗诗

cr. 上衣&背带裤 Levi's® 包 DISSONA 戒指 CHAUMET

fig. 高圆圆&韩火火

cr. 左 上衣 AKOP 裙子 MO&Co. 腕表 飞亚达
右 上衣 AKOP 背带裤 PEACEBIRD MEN

fig. 王子文

cr. 上衣 MO&Co. 背带裙 PEACEBIRD WOMEN 包 CÉLINE 墨镜 Gentle Monster 耳钉&戒指 CHAUMET

fig. 马思纯

cr. 上衣&背带裙 PEACEBIRD WOMEN 包 Stella McCartney 包上配饰 Jimmy Choo 手链&耳环&戒指 Folli Follie

cr. 毛衣 PEACEBIRD WOMEN 背带裙 DO NOT TAG 包 Miu Miu

fig. 王珞丹&韩火火

cr. 左 卫衣 AKOP 背带裙 Zadig&Voltaire from I.T 包 COCCINELLE 鞋 ONDUL'圆漾 帽子 Uniqlo 腕表 Folli Follie
右 皮衣 PEACEBIRD MEN 上衣 AKOP 裤子 Saint Laurent 鞋 Vans 墨镜 Gentle Monster

fig. 张雪迎 | cr. 上衣 PEACEBIRD WOMEN 包 TOD'S 帽子 fingercroxx

fig. 欧阳娜娜
cr. 外套 CHANEL T恤 DO NOT TAG 牛仔背带裤 H&M 帽子 Maison Michel

fig. 朱珠
cr. **上衣** Prada **裙子** PEACEBIRD WOMEN **包** PERNELLE **鞋** ONDUL'圆漾 **墨镜** JINNNN

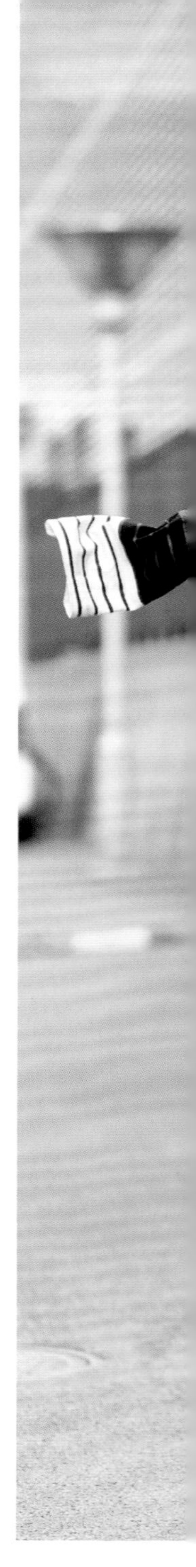

fig. **Waiman Chan&娃娃**

cr. 左 **上衣&背带裤&颈饰** MO&Co. **包** TOD'S **墨镜** Gentle Monster **手链** Folli Follie
右 **上衣&背带裤** MO&Co. **包** TOD'S **帽子** Uniqlo **墨镜** FURLA **手链** Folli Follie

fig. 周笔畅

cr. T恤 DO NOT TAG 背带裤 Levi's® 包 LOUIS QUATORZE

外套就是要披着，T恤就是要打结，衬衫就是要系错扣，牛仔裤就是要卷边，背带裤肩带就是要只挂一边……拜托，这些都是时装精的穿衣常识哎。同样是基本款，为什么那些博主和街拍达人随便一穿就好看，你穿却秒变路人？T恤、衬衫、连衣裙，这些时尚博主和街头潮人平常穿的衣服，你的衣柜里也有一打，但为什么就是穿不出时尚博主、街头潮人的感觉？就是因为她们不好好穿衣服啊。

说说今年你被推荐最多的风格：反季节穿衣、内衣外穿、睡不醒睡裙穿出门、一衣多穿……这些风格的走俏归根结底还是因为不好好穿衣服。所谓“不好好穿衣服”，其实就是不想循规蹈矩，勇于打破常规，穿出创意，穿得和别人不一样。山本耀司说过：大众和主流是无趣的。换句话说，本人就是这么与众不同，就是要和别人穿得不一样，同样的衣服，本人就是穿得比你美。此处请自动脑补一百个皮笑肉不笑的emoji。把对称的衣服穿得不对称，把原有的平衡打破成不平衡，那么原来的普通和循规蹈矩就会变得创意十足，有趣又有型。所以还单纯地以为时尚就是买买买的人就大错特错了，上东区名媛那么多，为什么只火了论家世和颜值都不是最突出的Olivia Palermo，时尚也是需要头脑的。当你还在趁着打折季一味买买买的时候，时尚博主们已经在动脑筋思考要怎么样一衣多穿了；当你还在纠结买不买本季最in的单品时，时髦的人已经研究出关于那个单品的十八种让你意想不到的搭配了。想做型人，在搭配和穿着上没有一些小小心机怎么行。

俗话说世上只有懒女人，没有丑女人，不仅要会化精致的妆容，还必须会穿。看完本章，你就会明白，从路人甲乙丙变成Chic型人，只有一段“不好好穿衣服”的距离。

Heidi Klum曾说过：As in the fashion industry,one day you are in,and the next day you are out. 身处时尚界，花无百日红，潮流瞬息万变，如果一味地盲目追随潮流未免太累。《FB范儿》想要教给你的或者说想要跟你表达的是主导潮流的背后，被无数型人实践过的、被推崇的，被不断重新演绎的时装风格。让你了解这些风格理念，结合自身条件，尝试多种不同风格，化身怎么穿都不会错星人，才是我们《FB范儿》真正想要做到的。

“不好好穿衣服”就是这样一种风格理念，它把一切传统的、有规则的、司空见惯的，打破、揉碎，重新组合，穿出自己的创意和态度。这并没什么难的，你需要的只是穿衣时的一些小小心机。

fig. 尚雯婕

cr. 羽绒服 Edition10 by MO&Co. 牛仔外套 FORCHEN FORTUNE 裤子 Levi's®
包 DISSONA 鞋 Giuseppe Zanotti Design

fig. 高圆圆
cr. 外套 SHUSHUTONG 连衣裙&包 Chloé 颈饰 ETRO

SEAL
IMMEGANIUM 2000/2007
APPROVAL
ACEP
USA
1992
001

cr. **外套** Short Sentence **上衣** DO NOT TAG **裙子** PEACEBIRD WOMEN
包 Phillip Lim **项链&耳环** CHAUMET

fig. 王子文

cr. **T恤** MO&Co. **腰间衬衫** MOUSSY from YOHO! 有货 **连体裤** The Fifth **包** Chloé **耳环&戒指** CHAUMET

fig. 陈燃
cr. 外套 MO&Co. 上衣 b+ab from i.t 包 Jimmy Choo

fig. 郭碧婷
cr. 外套 M Missoni 背心&裙子 PEACEBIRD WOMEN 包 LOUIS QUATORZE

fig. **朱珠**

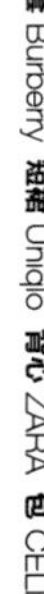

cr. **外套** Burberry **短裙** Uniqlo **背心** ZARA **包** CÉLINE **墨镜** JINNNN **耳环** YIRANTIAN

fig. 张慧雯

cr. 外套&颈饰 MO&Co. 连衣裙 Robyn 包 LOUIS QUATORZE 鞋 Jimmy Choo

fig. 江疏影&韩火火

cr.
左 上衣&裤子 PEACEBIRD MEN 包 Burberry 鞋 Vans 墨镜 Gentle Monster
右 外套&上衣 AKOP 短裤 Monki 包 Burberry 鞋 Santoni 戒指 Folli Follie

ALL KINDS OF POSSIBILITIES

fig. 宋妍霏 | cr. **外套** VEGA ZAISHI WANG **卫衣** AKOP **包** Stella McCartney

 | fig. 周笔畅 | cr. 上衣&连体裤 AKOP 包 TOD'S 墨镜 Gentle Monster

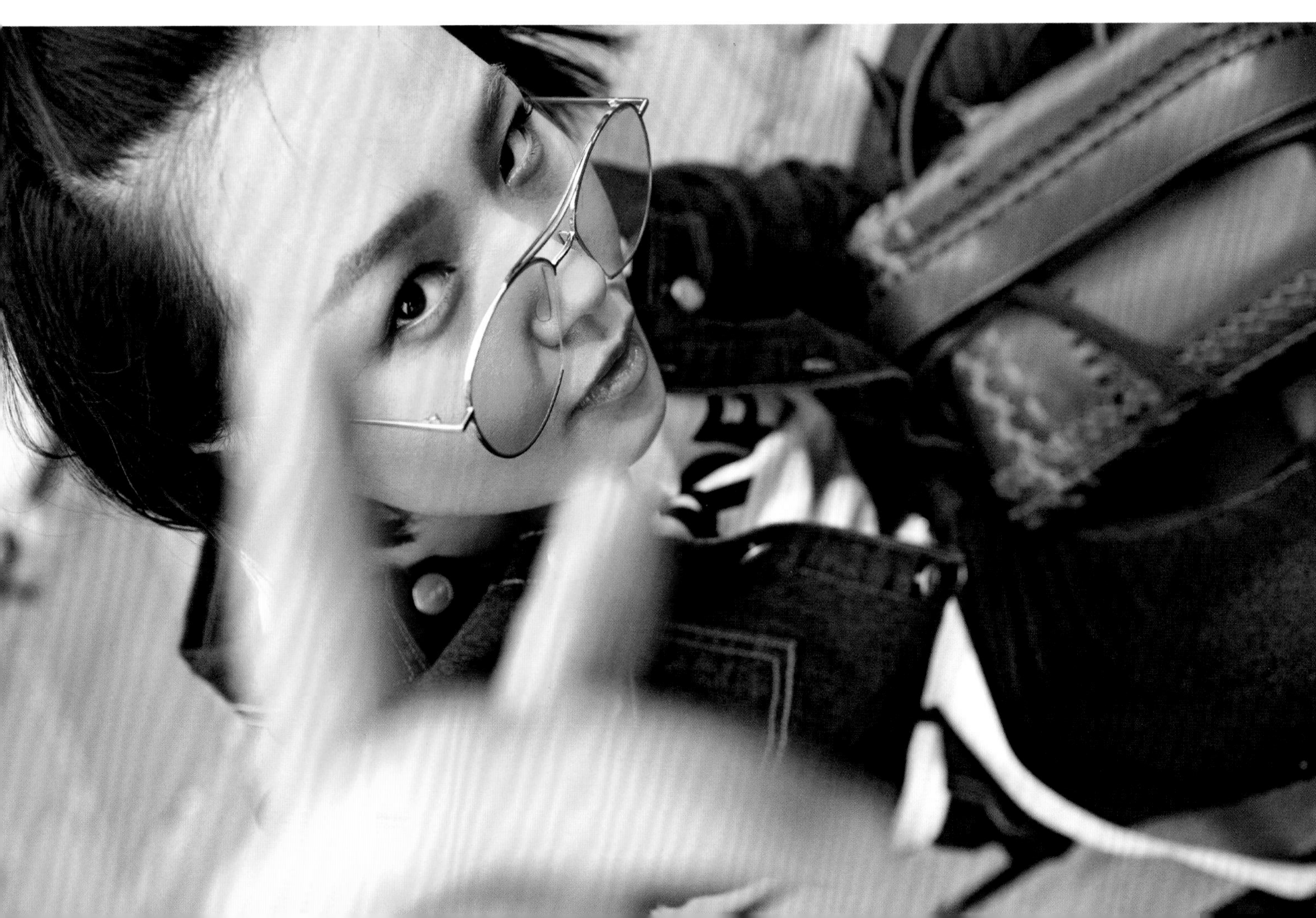

fig. 张慧雯

cr. 外套 AKOP T恤&裙子 BABYGHOST 包 Delvaux 鞋 HOGAN

fig. **Linda**

cr. **羽绒服** MO&Co. **牛仔外套** Levi's® **T恤** DO NOT TAG **裤子** Burberry **包** Chloé **戒指** CHAUMET

fig. 田原&小白

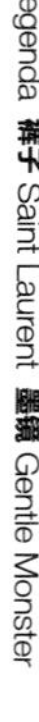

cr.
左 外套&上衣 PEACEBIRD WOMEN 包 CÉLINE
右 外套&包 CHANEL T恤 Legenda 裤子 Saint Laurent 墨镜 Gentle Monster

fig. 马苏

cr. 外套 Ground Zero 裙子 Givenchy by Riccardo Tisci 包 LOUIS QUATORZE 耳环 CHAUMET

iss FB16
sect 03 Slouchy
pg. 73
fig. 胡冰卿
外套 AKOP 连衣裙 Robyn 包 Stella McCartney 鞋
MO&Co.

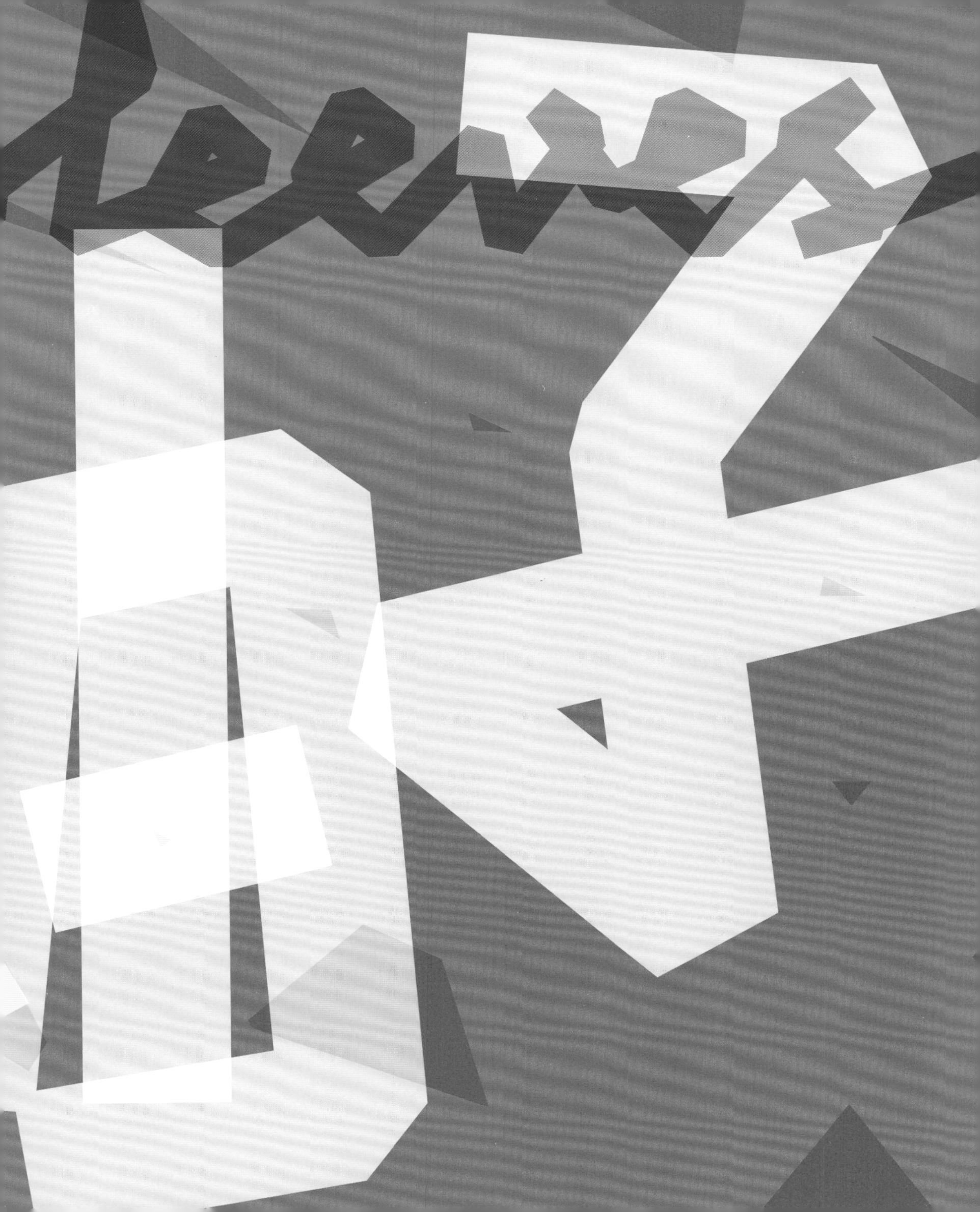

你当我是浮夸吧，夸张是因为想吸引眼球。人生苦短，必须带感！拒绝低调，张扬出色，时尚满分，就是要100+的存在感。想要拯救自己气场弱？想要做街头最有范儿的人，又不想太明显的凹造型，选择一款超长袖子的时装就可以了！

时髦的你一定发现了，新一季时装周刚刚结束，忽然之间，大街小巷的潮人，袖子都奇迹般地变长了。没错，超长袖子正当红。尽管这些长袖子款式不同，袖子长度不一，但长度都会以遮住手为前提。这些长袖子被运用最多的是衬衫，并且衍生出了各种款式，包括因为太长导致行动不便所以侧面开叉的水袖，从肘部往下扩成喇叭状的金钟袖，还有把普通紧实小袖口做成花朵状夸张蓬松的风铃袖，更有蛋糕袖、泡芙袖等，或者直接按照正常比例拉长，袖口做宽的超长袖子。长袖子不仅席卷了衬衫界，还把魔爪伸向了卫衣、针织衫等领域，没办法，谁让时装精们讨厌单调，喜欢与众不同的小心机呢，这简直就是都市时髦人躁动内心的写照啊。

厌倦了都市时装日复一日的性冷淡，又不想穿得花枝招展，作为职场女强人，必须着职业装，时刻强势高冷范儿，但是总是黑白灰不免乏味，都市时髦人总想在无聊的平凡里寻求一点儿无伤大雅的小突破。超长袖子在都市无聊的背景下应运而生，满足了都市人在无聊的工作和重复中想要来点儿不一样的心理需求。我们《FB范儿》也常常倡导不想穿得无聊，就必须有小心机，要打破常规，要有范儿，然而什么是心机，什么是范儿，答曰：选择心机单品。

这个章节《FB范儿》教你把本季最张扬的长袖子在满足着装需求的基础上穿出潮味，释放你内心被禁锢已久的Drama Queen吧，做街头最吸引眼球的人，你就是最亮丽的风景。

当大家都是衬衫配裤子时，你要怎么穿才能穿得与众不同？聪明点儿的穿上时下流行的阔腿裤时，你还要怎么赢？穿超长袖子！让看似普通衬衫加裤子的搭配，在袖口处却显现出时髦的设计，于细节处，不经意间打动人心，一秒变型人。也许街头不会再有Bill Cunningham的身影，我们也不再有机会被他拍进相机里，但是把街头当秀场的潮人们不会错过每一个凹造型的机会。在都市看似平静的表象下蕴藏着随时躁动起来的可能。FB Girls要把基本款穿出范儿，更要能驾驭最in单品。

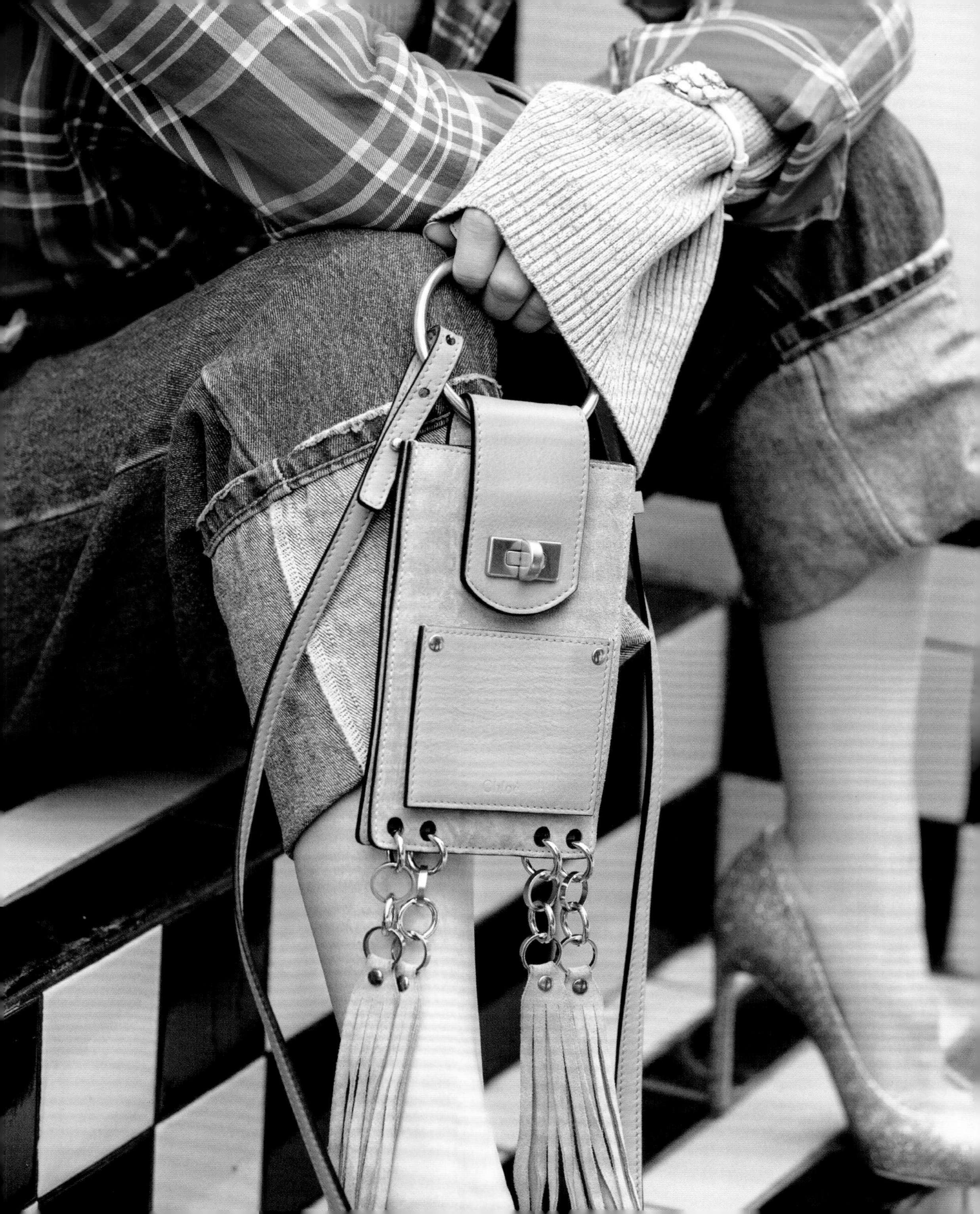

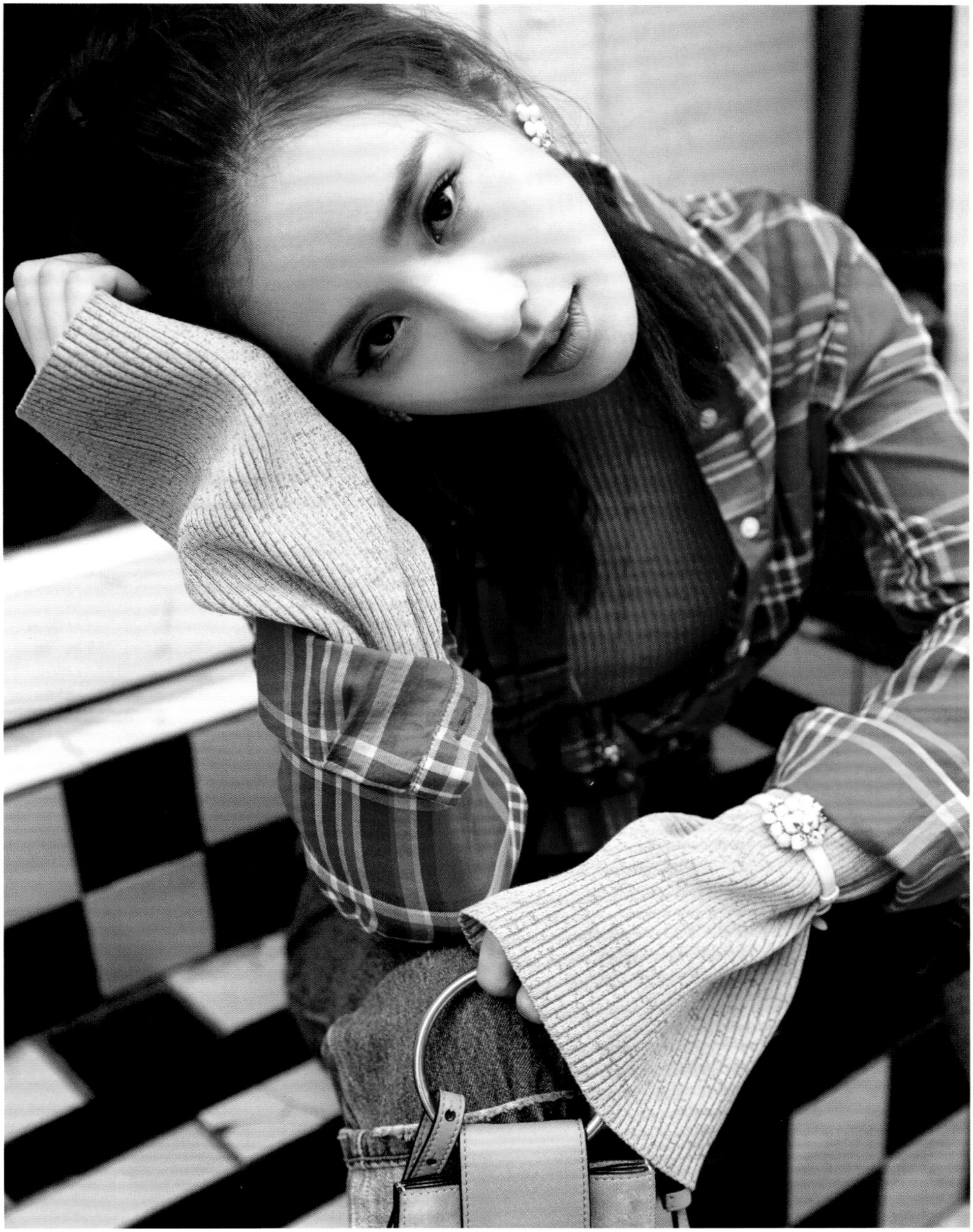

fig. 刘诗诗

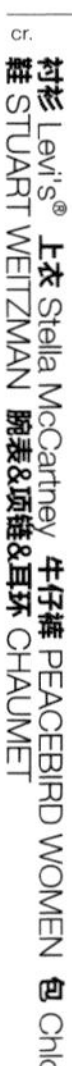

cr. 衬衫 Levi's® 上衣 Stella McCartney 牛仔裤 PEACEBIRD WOMEN 包 Chloé
鞋 STUART WEITZMAN 腕表&项链&耳环 CHAUMET

CLUB
JULY

fig. 唐艺昕

cr. 毛衣 Short Sentence 裙子 Miu Miu 包 LOUIS QUATORZE 项链&戒指 CHAUMET

/017
/017

New
VERSACE

 | fig. **Rigel Davis** | cr. 上衣 Vetements 短裙 Saint Laurent 包 LOUIS QUATORZE

cr. 衬衫&T恤 DO NOT TAG 裙子 CELEBEE 包 Rfactory 颈饰 MO&Co. 墨镜 Prsr 耳环 CHAUMET

cr. 上衣 AKOP 裙子 PEACEBIRD WOMEN 包 CÉLINE 腰带 "BEARTWO"
腕表&戒指 CHAUMET

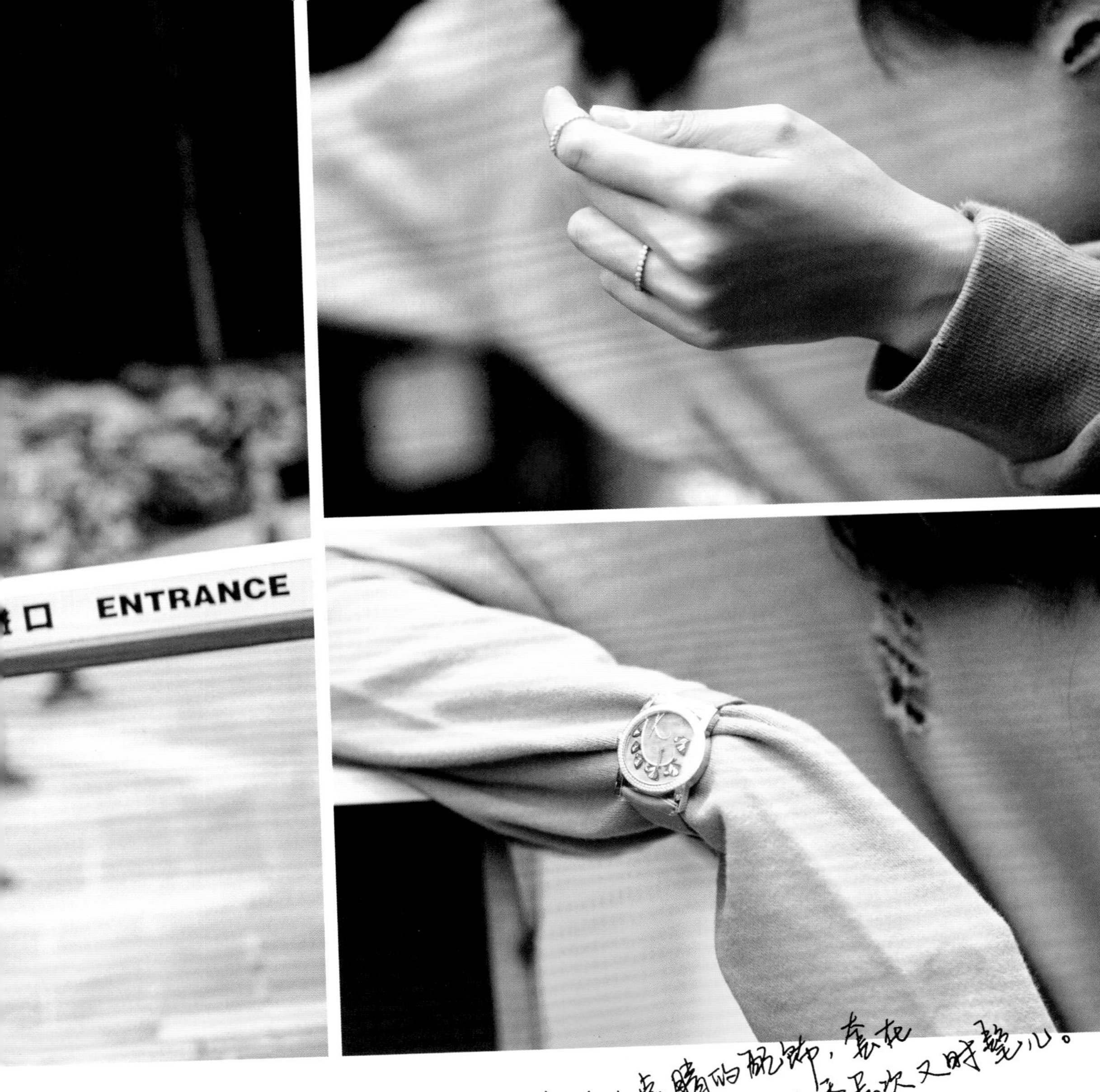

手表作为点睛的配饰，套在
卫衣的超长袖子外，平添层次又时髦儿。

fig. 朱珠

cr. 上衣 PEACEBIRD WOMEN 裙子 DO NOT TAG 包 Burberry 项链 Cissy Shi 耳环 YIRANTIAN

iss. FB16
sect. 04 Long Sleeves
pg. 89
fig. 张若昀
cl. 衬衫 PEACEBIRD MEN
AKOP

cr. **外套** CÉLINE **上衣** SHUSHU/TONG **短裙** Chloé **包** MCM **腕表** Folli Follie

fig. 熊黛林

cr. 腰间外套 ISERIES 上衣&裤子 PEACEBIRD WOMEN 包 TOD'S

cr. 上衣 PEACEBIRD WOMEN 腰间外套 MR GENTLEMAN 裙子 DO NOT TAG 包 Burberry

 | fig. 张梓琳 | cr. **毛衣** Burberry **内搭&包** CÉLINE **鞋** KG*Kurt Geiger from I.T **戒指** CHAUMET

D08
14G015206
D02
9/9
HITACHI
Inspire the Next

姐们儿跟我抱怨说：大耳环戴上死沉死沉的，但是架不住它有型啊，而且拍照好看，最重要的是显脸小。尤其是自拍的时候，简直就是凹造型利器。Coco Chanel说过：In order to be irreplaceable，one must always be different.（想要无可取代，就必须与众不同）。所以，想要世上只此一款的你，缺一个独一无二的大耳环！有了大耳环，你就不用为穿什么最in而发愁，你也不用担心自己范儿不够了，因为本季，大耳环最有范儿。你可以穿一身最普通低调的服装，搭配怪趣浮夸大耳环，大耳环就是你全身唯一的亮点。

这边厢刚刚被DOLCE&GABBANA的全程高能自拍秀狠狠地洗了脑，那边厢各大时装周潮人们已经把魔性大耳环戴上啦，没错，就是在各大品牌2016春夏秀场上包括CHANEL、BALENCIAGA、CÉLINE等陆续出现的浮夸到爆的大耳环。从T台，到红毯，再到杂志的广告大片，大耳环已经悄然盛行。那些打破传统、标新立异的单只耳环更是凭借拥有不对称的美，成为时下最流行的单品之一。众多博主型人也成为大耳环的忠实拥趸。

然而你造吗？被一众时髦客一见倾心的大耳环并不是时尚圈的新鲜产物，要说大耳环的历史，可以追溯到20世纪七八十年代。70年代是浮夸的年代，向往和平、自由与浪漫，散发着流浪气质、放荡不羁的年代，那个年代的大耳环主要是Hoop耳环，即圆圈耳环。彼时的Hoop耳环浮夸、华丽，有浓郁的艺术气息，以金色居多，更有金色镶嵌宝石的款式，工艺包括手工痕迹、金珠工艺、米兰织链条等。现在的Hoop耳环款式更为丰富，比如加入波普元素的树脂材质、石材对比，颇具波西米亚风情的飘逸羽毛、流苏和长长短短的各种链条、亮片、金属的混搭，等等。除了Hoop耳环，当下最时尚的过肩长耳环也值得一提，纵观秀场，LV的雀翎耳环、Gucci与Marni的珍珠款、从马术运动中获得灵感的Tory Burch，还有西太后的骨头流苏耳环、Moschino的水晶，或美艳、复古或简约、飘逸，并且都有一个共同的特点，就是长度过肩。

细数了大耳环的这些款式，下面我们来讲讲佩戴方法。搭配宗旨，戴了夸张的大耳环，千万不要再戴项链了，会显得多余，你看到秀场上模特儿耳环项链戴满身是因为那是秀场！那样的造型并不适合逛街穿着，除非你想让大家觉得你把全身家当穿了出来。型人在穿衣服的时候一定会做减法，上衣最好选择一些基本款，来衬托大耳环的魅力。佩戴大耳环时只戴一边才最Chic。若两边都要戴，最好也要戴不一样的，一边简单，视觉点弱一些，一边夸张强势，视觉效果突出，打破平衡，营造一种不对称的美感，即所谓的Dismatch。

fig. 陈冰

cr. 上衣 MO&Co. 裙子 PEACEBIRD WOMEN 包 Prada 腕表 Folli Follie 耳环 Miu Miu

fig. 张慧雯

cr. 上衣 MO&Co. 裙子 PEACEBIRD WOMEN 包 Miu Miu 耳环 Prada

fig. 何穗

cr. 外套&衬衫&裙子&耳环 BALENCIAGA 包 Chloé

fig. 何穗&韩火火

cr. 左 衬衫&内搭 Prada 裤子 PEACEBIRD MEN 包 Burberry 鞋 Vans 墨镜 Miu Miu
右 外套&衬衫&裙子&耳环 BALENCIAGA 包 Chloé 鞋 CÉLINE

iss. FB16
sect. 05 Big Earrings
pg. 104
fig. 秦岚
cr. T恤 CELEBEE 短裙 PEACEBIRD WOMEN 吊带 fleamadonna 包 Prada 项链&戒指 Folli Follie 耳环 BALENCIAGA

fig. 王艺诺&孙嘉灵

cr. 左 毛衣 MUGLER from JOYCE 短裙 Manish Arora from JOYCE 包 DISSONA 耳环 Miu Miu
右 上衣 SACAI from JOYCE 连衣裙 MUGLER from JOYCE 包 Michael Kors Collection 耳环 Miu Miu

iss. FB16　sect. 05 Big Earrings　pg. 106　fig. 江疏影

cr. 外套 Ground Zero　裤子 Levi's®　内搭 ZARA　包 TOD'S　项链&戒指 CHAUMET　耳环 Prada

iss. FB16
sect. 05 Big Earrings
pg. 108
fig. 钟淅文
cr. 外套 MO&Co. 卫衣 C.J.YAO 包 Prada 鞋 CÉLINE 帽子 fingercroxx 耳环 Messential
氣工程
druthers
Heyo
JAMS
商行
杜德偉

fig. 袁姗姗

cr. 上衣 AKOP 包 Burberry 耳环 Miu Miu

fig. 张家衣&陈星如

cr.
左 外套 Miu Miu 抹胸 MARC LE BIHAN 裙子 CHAOTIQUE 项链&耳环 Thing In Thing
右 上衣&牛仔裤 R.SHEMISTE 项链&耳环 Thing In Thing

fig. 夕又米

cr. T恤 DO NOT TAG 裤子&腰间针织衫 Levi's® 包 ISERIES 鞋 Jimmy Choo 墨镜 Prsr 耳环 Prada

fig. 周雨彤
cr. 毛衣&裙子 PEACEIRD WOMEN 包 Prada 耳环 Chrisou by Dan

cr. 衬衫 CHICTOPIA 裤子 Chrisou by Dan 墨镜 FURLA 耳环 ANTEPRIMA

fig. 张俪

cr. 外套 AKOP 裤子 MO&Co. 内搭 ZARA 包 TOD'S 耳环 Miu Miu

fig. Waiman Chan&娃娃

cr. 左 毛衣 Ground Zero 背带裤 Levi's® 内搭 PEACEBIRD WOMEN 包 Prada 包上挂饰 Miu Miu
腕表 Folli Follie 右 上衣 Rocket&Lunch from i.t 裤子 CHEAP MONDAY 内搭 PEACEBIRD WOMEN

fig. Justine Lee
cr. 上衣&裤子&包&墨镜&耳环 Chloé 戒指 Nialaya

大地色是什么颜色？大地色指的是:棕色、驼色、酒红、米色、杏色、藕荷色、卡其色、古铜色、赭石黄、军绿、英国绿、天际蓝、海军蓝等接近大自然大地的颜色。在时装中，这些颜色统称为大地色系。大地色系色彩纯度较低，色调柔和，贴近大自然，穿着者会给人低调、成熟、优雅、质朴、温暖的感觉，自然系的色彩也会给人带来心理上的轻松和幸福感。近几年复古风潮盛行,20世纪七八十年代的时装风格无一不被设计师拿来反复应用，推陈出新，潮人们也挖空心思不断把旧元素玩出新花样。大地色系绝对是复古盛行的标志性色彩，是非常适合秋冬入手的单品颜色。对于女性来说,大地色更是任何场合都不会过时或者失误的颜色,虽然没有明艳的色彩,强烈个性的夸张调性，但是却能打造温雅职场女性，塑造稳定信任感，营造出女性成熟、优雅的一面,给人留下完美的印象。

大地色系单品运用最多的是同样贴近生活、舒适自然的面料，比如纯棉、亚麻、皮革、丝绸、羊毛、羊绒等。大地色系单品从来不乏设计师和时尚型人的喜爱和追捧，而每一季的秋冬秀场和街头都必然少不了大地色系单品的身影。如果你稍微关注流行资讯，会看到Bella Hadid也穿着大地色针织连衣裙和姐姐Gigi Hadid去The Nice Guy酒吧；Kendall Jenner穿大地色系针织衫和短靴夜出好莱坞；你们的老公李易峰居然也穿米色长款风衣从上海飞去纽约参加电影首映礼，简直簇拥者无数。

穿着Tips：大地色系淳朴、本真，没有太多炫目的色调，色彩纯度较低，常常被联想到泥土、自然、简朴。它给人可靠、有益健康和温暖的感觉。简单的大地色系,用最朴素的性感就能轻松诠释出秋季的风姿。但太过中和的颜色会被认为有些不鲜明，可以加入比较时尚的元素摆脱沉闷，例如通过使用造型夸张的金色配饰作为点缀，或者通过和黑白、金色、牛仔以及一些鲜艳的色彩等混搭使用，提亮整体造型。所以本章节的《FB范儿》中，你可以看到李艾身穿低调有内涵的大地色连身裙，却配了时下最in的茶色太阳镜以及长流苏耳饰；袁姗姗穿的大地色条纹长衫有两条当下最时尚的长袖子，下面搭的白色侧开衩包裙时髦到飞起；杨幂穿军绿迷彩夹克却搭配了性感开叉铅笔裙和尖头高跟鞋。是的，我们尝试着把硬朗的和性感的放在一起，把低调的和醒目的搭配出彩，就会发现同一单品的多种不同可能，就会穿出新意。

fig. 李艾

cr.
连衣裙 C/meo Collective 短裤 CHEAP MONDAY 包 CÉLINE
墨镜 Gentle Monster 腕表&手链 Folli Follie 耳环 YIRANTIAN

fig. 黄景瑜
cr. T恤 XPX 连体裤 AKOP 腰间衬衫 Uniqlo 手链 Nialaya

cl. 外套 Nic is coming from NPC 裤子 STA from NPC 腕表 CHAUMET

 | fig. Jessica Jung | cr. 上衣 DO NOT TAG 裙子 CÉLINE 包 TOD'S 鞋 Chloé 手链 Folli Follie

fig. 米露

cr. **外套** FRONT ROW SHOP from YOHO! 有货 **连衣裙&包** Givenchy by Riccardo Tisci
鞋 Roger Vivier **腕表** CHAUMET

fig. 李丹妮

cl. 风衣&裤子&包 CELINE

iss. FB16
sect. 06 Earth Tone
pg. 131
fig. 李丹妮
cr. 风衣&耳环 CÉLINE

fig. 陈冰

cr. 外套 PEACEBIRD WOMEN T恤 DO NOT TAG 裙子 Isabella by Ports
包 CÉLINE 耳环&戒指 Folli Follie

fig. 吴昕

cr. 上衣 AKOP 裙子 ARROWS QUEEN 包 TOD'S 鞋 STUART WEITZMAN 墨镜 Gentle Monster 戒指 CHAUMET

TAG

fig. 杨幂

cr.
外套 MR.GENTLEMAN 上衣 DO NOT TAG 包 LOUIS QUATORZE
鞋 Jimmy Choo 项链&耳钉&戒指 CHAUMET

fig. 袁姗姗

cr. 上衣 Prada 内搭 ZARA 包 TOD'S 项链&手镯 Folli Follie

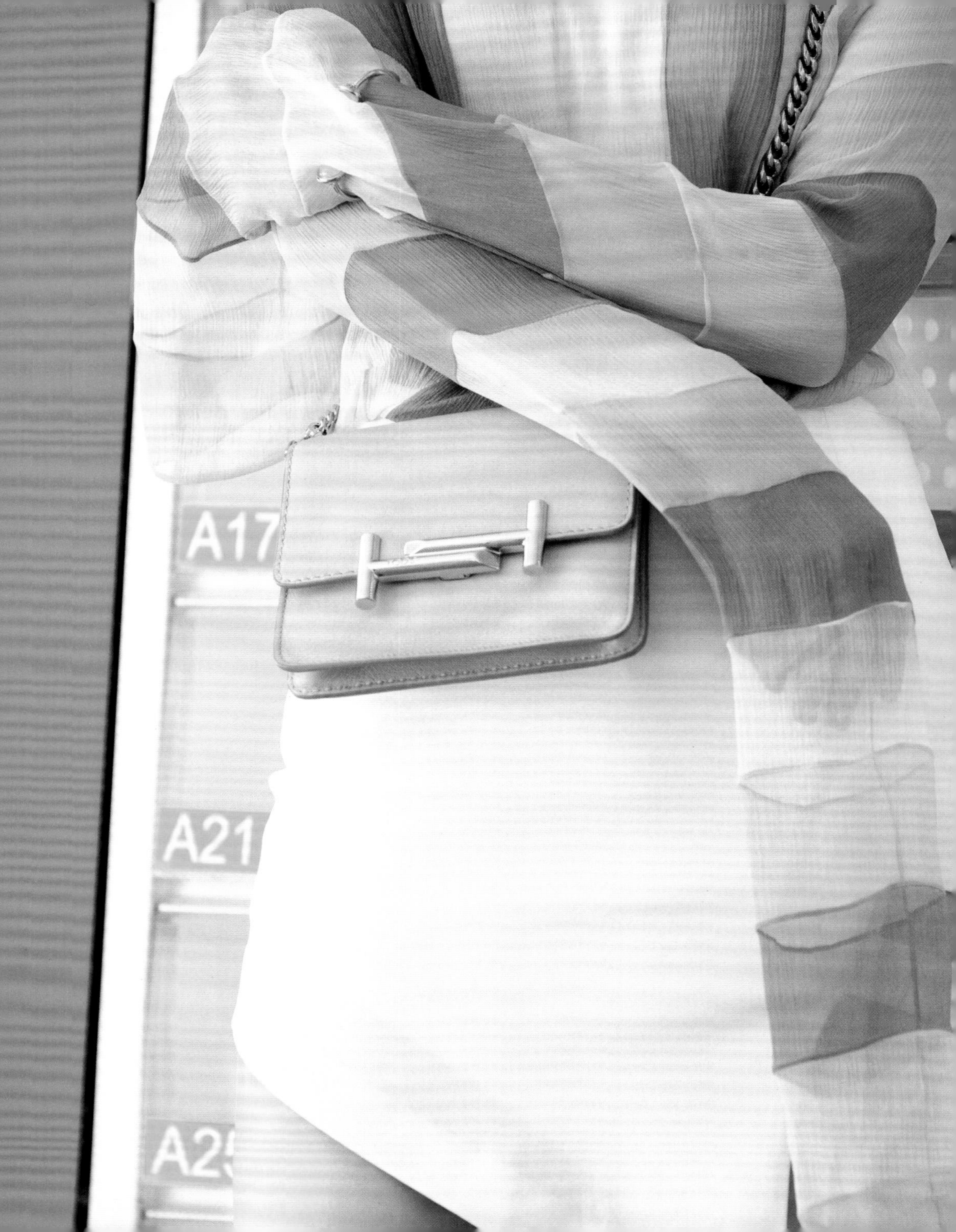
A17
A21

fig. 黄景瑜

cr. 衬衫 Ports 1961 腰间衬衫&裤子 Levi's® 鞋 Vans 腕表 CHAUMET 手链 Nialaya

iss. FB16
sect. 06 Earth Tone
pg. 139
fig. 蒋劲夫
c: 卫衣 Givenchy by Riccardo Tisci 裤子 PEACEBIRD MEN 腰间外套 Nic is coming from NPC

衬衫无论在哪一季都必须是时装精们最不能割舍的单品之一。出门前不知道穿什么？衬衫配仔裤；突如其来的约会？印花衬衫配复古伞裙；面试造型？条纹衬衫配阔腿裤搞定。反正无论什么场合，衬衫都会以其强大的造型功能分分钟搭出你最适合的造型。所以这个世界上有不适合衬衫的人吗？No！

衬衫的变化不及其他单品那么推陈出新，但每一季仍旧会有小小的改变，比如领子的比例、袖口的大小、腰线的松紧、长度以及图案。从经典的白衬衫到度假通勤两相宜的条纹衬衫再到无人不知无人不晓的格纹衬衫，全都是家中常备良品。而一提到格纹衬衫，大家首先想到的就是“理科男”“Nerd”和“程序员”等，尽管我们有时也只能对某些直男们“诡异”的造型搭配微微地叹气，但其实这都不是格子衬衫的正确打开方式啊！格子衬衫的时髦你们都没Get到好吗？如果说白衬衫是检测男神的唯一标准的话，格纹衬衫就是检测搭配功力的一把标尺。因为它的功能实在太强大了，从轻松的男友风到性感的音乐节装扮再到时髦的街头风全都手到擒来，作为女装界向男装偷师来的最伟大单品之一，格子衬衫除了时髦有型，更是一种略显粗犷的情怀哟。

格纹一直都是英伦风格的标志——就是那些传统的苏格兰格纹短裙，第一个将格纹和衬衫结合到一起的也是来自英国的户外伐木工人。从这一点上来看，格子衬衫和牛仔裤倒是很有异曲同工之妙，不过格子衬衫开始发扬光大却要归功于19世纪的美国工人阶级。在格子衬衫传入美国之后立刻变成了这些强壮的工人们制服般的存在，并从此声名鹊起，渗透到时尚圈的各个角落。所以说，没想到格子衬衫也是有着工装风格的吧？从此格子衬衫简直摇身一变成了全世界最钟爱的单品之一，而到了如今，格子衬衫绝不仅仅是英伦风的专属，它的风格简直多变到令人发指，无论是跟牛仔裤、工装裤还是热裤搭配都能有满满的CP感，真是不服不行。无论是街头风、摇滚风，还是乡村风，统统是格子衬衫的阵营。相比较白衬衫，格纹衬衫对身材的修饰更为高明，纵横的格纹更能迷惑路人的视线，通俗点儿就是谁穿都能穿美，无论你是高矮胖瘦，只要一件格纹衬衫上身，时髦了不说，什么缺陷肥肉统统消失！

fig. 唐艺昕

cr. 衬衫 Levi's® 连衣裙 PEACEBIRD WOMEN 包 Burberry 帽子 fingercroxx 耳环&戒指 CHAUMET

开叉工装裙和大号格子衬衫
绝对是本季最值得购入的
的大时髦单品。

fig. 高圆圆

cr. 衬衫 Ground Zero 裙子 DO NOT TAG 内搭 CHEAP MONDAY 包 Burberry

fig. 韩火火

cr. 衬衫&裤子 PEACEBIRD MEN T恤 Uniqlo 帽子 Burberry

fig. 金大川

cr. 外套&T恤 PEACEBIRD MEN 衬衫 Levi's® 裤子 H&M 鞋 Vans
帽子 H&M STUDIO 腕表 CHAUMET

fig. 尚雯婕

cr. 衬衫 ARROWS QUEEN 裤子 YIRANTIAN 裹胸 L'AMITIÉ 包 MCM 戒指 Folli Follie

fig. 宋茜

cr.
卫衣 Givenchy by Riccardo Tisci 衬衫 Levi's® 包 Burberry 帽子 Uniqlo

iss. FB16 | sect. 07 Shirt | pg. 154 | fig. 王珞丹 | cr. 上衣&腰间衬衫&牛仔裤 Levi's® 包 Prada 腕表 CHAUMET

iss. FB16
sect. 07 Shirt
pg. 157
fig. Angelababy
cr. 衬衫 Givenchy by Riccardo Tisci 背心 Uniqlo 裤子 Levi's®
包 LOUIS QUATORZE 项链 CHAUMET

fig. 张雪迎

cr. 衬衫 Levi's® 裙子 FORCHEN FORTUNE 内搭 PEACEBIRD WOMEN 包 Gucci 帽子 Uniqlo 戒指 CHAUMET

iss. FB16
sect. 07 Shirt
pg. 159
fig. Jessica Jung
衬衫 BLANC & ECLARE 包 Gucci 项链 Folli Follie

fig. 林允

cr. 衬衫裙 III VIVINIKO 肩上卫衣 Levi's® 包 CÉLINE 手链 Folli Follie

fig. 马苏

cr. 衬衫 Levi's® 裙子 TOD'S 包 CÉLINE 腕表&耳钉&戒指 CHAUMET

fig. Waiman Chan&娃娃

cr.
左 **上衣&裤子** Levi's® **包** Givenchy by Riccardo Tisci
右 **外套** Chrisou by Dan **腰间衬衫** Levi's® **戒指** CHAUMET

友情提示，本章节仅适用于拥有马甲线、人鱼线、A4腰的瘦女孩观摩学习，请还没努力减肥的女生自行略过，谢谢。

真不是我们《FB范儿》刻薄，有些衣服呢就是穿起来你好我好大家好，比如大廓形外套什么的，但有些衣服注定只能是属于那些瘦子的，比如今天要讲的这种露脐装。从Crop上衣流行开始，欧美女明星就坚持不懈地走上了健身的道路，因为稍有不慎露出肚腩就会变成社交媒体上群嘲的对象啊……尽管还是有一些欧美女明星我行我素地露出肚腩招摇过市，比如XXX和XXX，等等，但视时髦如生命的我们怎么能允许这种可怕的事情发生呢？所以想尝试露脐装的各位还是咬咬牙，先减个肥再说吧！

其实说实话，露脐装对我们广大亚洲女性实在是太不宽容了，人家老外们屁股再大胸部再鼓腰那一圈也还是扁平的，而我们亚洲女性就没那么好命了，梨型身材占了大多数不说，再瘦的女生都免不了会有一点儿小肚子跑出来，简直气死人了！还好，这些先天条件统统可以被健身解决，微博上的励志女神也是数不胜数，那么今天我们就来抛开“老天爷”的成见，来聊聊这个令广大亚洲女孩又爱又恨的露脐装。有人说今年明明流行的是露胃装啊你偏偏要写露脐装到底是想怎样？相信我，露胃装这种奇葩的高段数造型普通女孩真心驾驭不了，并且对于相通的两者，只要你掌握了露脐装（和瘦）的奥秘，露胃装绝对也是不在话下的哦！

20世纪90年代初期才红起来的露脐装也可以算作是女性时髦的又一大解放，腿也露过了，胸也露过了，终于轮到肚脐出道了！这股风潮从20世纪90年代持续至今，终于又在宇宙网红们的加持下重新走向了巅峰，不信你看看金小妹的街拍，几乎张张都有肚脐在抢镜，而我天朝女明星们也开始对露脐装上瘾了，除了利用自然的腰线改变比例之外，它还有什么功能？凉快啊！一切跟功能性挂钩的单品都是必须追赶的好时髦！尽管露脐装最适宜与马甲线一同出道，但其实只露出腰部隐隐的一条缝也是时髦得令人发指，自带运动属性的露脐装除了与健美裤、球鞋搭配，跟时装一起也是毫无违和感，比如一步裙、风衣外套等，而现如今的露脐装也绝不仅仅是简单的Crop运动T恤，什么针织衫啦、小洋装啦甚至用衬衫打个结都能营造出性感又活力的Crop Top造型，它能让造型更加街头更富层次感，也更适合春夏。

理论讲得再多，还是实操最重要。废话不多说，大家还是看看这些时髦的FB Girl是如何将露脐装演绎得各具风格的吧！

fig. 郭碧婷

cr. 上衣 Proenza Schouler 裤子 Ms MIN 包 HOGAN 戒指 CHAUMET

fig. 李艾

cr. **大衣&裙子** MO&Co. **上衣** N12H from Project Crossover **包&鞋** CÉLINE
墨镜 Gentle Monster **耳环&戒指** CHAUMET

fig. 王鸥

cr. **外套** MO&Co. **背心** MUSIUM DIV. **包** DISSONA **帽子** Uniqlo **项链&戒指** CHAUMET

MDIV
LABORATORY 13
LONDON

fig. 裴蓓

cr. **上衣** ISERIES **裤子&鞋** CÉLINE **包** Givenchy by Riccardo Tisci **腕表&耳环&戒指** CHAUMET

fig. 刘诗诗

cr. 外套 MO&Co. 背心 MUSIUM DIV. 包 Fendi 耳环&戒指 CHAUMET

13

fig. 米露

cr. 衬衫 Levi's® 裙子 Miu Miu 内搭 ZARA 包 Chloé 鞋 BING XU 手镯 CÉLINE

fig. **佟丽娅**

cr. **衬衫** PEACEBIRD WOMEN **牛仔裤** MO&Co. **内搭** fingercroxx **包** CÉLINE

fig. 何穗

cr. 外套 CÉLINE 上衣&半裙 PEACEBIRD WOMEN 包 Jimmy Choo 戒指 CHAUMET

fig. 朱珠

cr. 外套 Stella McCartney 背心 MUSIUM DIV. 包 Jimmy Choo 帽子 Vans

fig. Linda

cr. 外套 VERSACE 裙子 PEACEBIRD WOMEN 包 DISSONA

skirt

先考你们一道题，大家觉得时髦的第一要义是什么？胸？错！那绝对是腿啊！不然你以为为啥会有那么多女生放着好好的美鞋不穿非要踩着高跟出街，因为在时尚圈的审美里，一双美腿>大高个>脸>胸啊。所以一切能让双腿看起来时髦又笔直并且目测两米的单品都是中国好单品！比如，今天推荐的迷你裙。

一般认为迷你裙的起源是来自20世纪60年代的英国，当时的大家秉承着“解放身体”的态度，一言不合就把裙子剪短，结果被爱美的英国女孩们发现：这样显得腿好长好长啊（你看，腿长美是女人的共识吧），于是大家纷纷效仿，最终这件有着解放女性思想的时髦玩意儿被辐射到了全世界，成为了殿堂级别的时尚单品。其实当时迷你裙还被贴上了“有伤风化”的标签呢，到了现在，已成了女生衣橱里再平常不过的衣服。而最初的A字型迷你裙也衍生出了各种版本，比如包臀裙、牛仔裙、拉链裙、荷叶边裙、开叉裙、不规则裙等，材质也是五花八门，丹宁布的、绸缎的、太空棉的、斜纹布的、到了现在的麂皮、真皮和PVC，简直五花八门应接不暇。当然无论什么材质和款式的迷你裙，都有着好搭易穿的特质，下面我们就来讲一讲它的搭配吧。

迷你裙看起来似乎没有什么固定的搭配法则，因为它和什么衣服搭配都成立，比如迷你裙搭配衬衫，复古时髦；迷你裙搭配廓形卫衣，也是很有甜心少女的风范；迷你裙搭配牛仔外套，简直不能再合拍了！就连风衣和西装等有着严重场合倾向的单品也能与它无缝对接。而仙女们最热衷的波希米亚风也能用迷你裙来代替飘逸的长裙了——谁说集麂皮和流苏于一身的的迷你裙不波希米亚呢？但迷你裙的选择其实也很重要，像那种令曲线暴露无遗的包臀裙，和需要平坦小腹才能驾驭的高腰紧身迷你裙还是留给瘦子们去吧，稍微有点儿肉肉的女生可以选择有着立体荷叶边装饰的迷你裙来遮肉，臀部稍宽的也可以用迷你伞裙来弥补不足，还有那些追求胸部以下全是腿的女生，除了要选择高腰款式来拉高腰线，有着性感侧开叉的细节也是相当的加分。另外腿长两米的秘诀当然也少不了时髦的尖头高跟鞋，特别是那种露出整个脚背的，跟迷你裙搭配简直无敌。当然不追求长腿只想赶时髦的女生也可以选择街头感十足的球鞋——轻便舒适又个性，反正欧美超模们都是这么搭的！

然后，又到了FB Girl一展搭配功力的时刻了，跟着她们好好学学，征服了迷你裙，就算在时尚圈成功了一小半了哦。

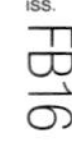

fig. 陈妍希
cr. 牛仔夹克&T恤&半裙 MO&Co. 包&鞋 TOD'S

fig. 陈燃

cr. **外套** Mr&Mrs Italy **T恤** Monki **裙子** PEACEBIRD WOMEN **墨镜** Gentle Monster fig. 吉克隽逸

cr. 夹克&连衣裙&短裤 Nicole Zhang 包 TOD'S 帽子 Monki

时髦的小麦色女孩
更适合这种大鸣大放
的颜色对比。

fig. 刘诗诗

cr. 外套&包 CHANEL T恤 DO NOT TAG 半裙 PEACEBIRD WOMEN

fig. **刘诗诗&韩火火**

cr. 左 **外套** CHANEL **T恤** DO NOT TAG **裤子** Saint Laurent **墨镜** Gentle Monster

右 **外套&包** CHANEL **T恤** DO NOT TAG **半裙** PEACEBIRD WOMEN

cr. 上衣&裙子 PEACEBIRD WOMEN 包 "BEARTWO" 鞋 adidas Originals 腕表&耳环&戒指 CHAUMET

fig. 马思纯

cr. 上衣 MO&Co. 半裙 DO NOT TAG 包 Miu Miu 鞋 Jimmy Choo 手镯&耳环&戒指 CHAUMET

fig. **谭卓**

cr. **外套&耳环** Prada **连衣裙** PEACEBIRD WOMEN **包** Rfactory **腰带** "BEARTWO" **帽子** fingercroxx

fig. **Melinda Wang**

cr. **外套** Victoria Beckham **上衣** Alexander Wang **半裙** Topshop **包** CHANEL **墨镜** the stylist

fig. Kiko Mizuhara
cr. 外套 MO&Co. 卫衣 CELEBEE 裙子 PEACEBIRD WOMEN 包 CÉLINE 项链&戒指 CHAUMET

真正的酷就是
皮草外套+迷你裙
= Kate Moss式风情

fig. 宋茜

cr. 上衣&内搭 Max Mara 皮裙 PEACEBIRD WOMEN 包 TOD'S 帽子 fingercroxx

fig. **杨幂**
cr. **外套&包** CHANEL **T恤** DO NOT TAG **短裙** CELEBEE **手链&耳环&戒指** CHAUMET

fig. Justine Lee

cr. 外套&裙子&内搭&包 Saint Laurent 手镯&戒指 CHAUMET

用粗犷的牛仔搭配
奢侈的鳄鱼纹，简单却体现
了廉价与贵价的对比。

fig. Kiko Mizuhara
cr. 外套 MO&Co. 卫衣 CELEBEE 项链&戒指 CHAUMET

所谓“唯一永远不改变，是不停地改变”，当我们把好穿易搭显腿型的紧腿牛仔裤穿了大概一万年又不舍得丢掉的时候该怎么办？答曰：在裤子上剪洞啊！其实就算不关注潮流资讯，如果你爱逛街的话，应该也发现了现在商场里在卖的基本款已经不只是单纯的一条牛仔。正所谓不露不时髦，我们所钟爱的基本款也在慢慢改进，以避免审美疲劳，在保留原有款式基础上，增加破洞细节，迎合潮人们求新求变的心理。

单说破洞牛仔裤的话并不新鲜，20世纪60年代，嬉皮风格盛行，嬉皮士们费心将自己的牛仔裤磨得破破烂烂，突显颓废、不羁的风潮。如今，破洞牛仔裤早已成为明星、潮人们凹造型，拼时尚段位的必备单品，在街头巷尾掀起了一场“破洞风潮”。不管是淑女风，或是甜美风，亦或是中性风，都能轻松Hold住，打造超强气场。

其实潮人们从未停止过对牛仔的创意穿法，经过这些年的发展，破烂牛仔裤从起初低调的磨损、补丁到现在的大洞、残破不堪，一直未从流行舞台上褪色。走在时尚尖端的明星们自然也对这种不羁的风潮宠爱有加。几乎一年四季的明星潮人街拍里都会有破洞牛仔裤的身影，破洞牛仔裤已成为凹造型必备的单品。

然而我们今天要讨论的破洞牛仔裤是在经典基本款牛仔裤上做一些工艺处理，比如破洞、补丁、磨边，等等。一般破洞在膝盖处或者膝盖上方，做出一刀剪那种感觉的撕裂缝，可以打造较好的腿部比例，打破原有牛仔裤的单调和沉闷，同时保留了原有牛仔的质感。在本章节中，你可以看到，很多明星穿着这种破洞牛仔。还有在裤脚处做文章的，有的直接不做裤脚锁边，把裤腿做短，变成九分或者七分裤，不规则剪裁、前短后长的裤脚正流行，并且会做一些撕烂的毛边，感觉上像是直接把裤脚剪掉了一样。这种不经意的小心机设计很得潮人们的心。王鸥搭配经典海魂衫穿的就是这一种。还有陈冰穿的宽松版牛仔裤，也是在大腿处的破洞上做文章。

除了裤脚剪边，还有裤脚卷边的穿法。如果在前些年，你把裤腿卷起大概10厘米，别人会问你是不是要去下水摸鱼，但是现在你可以堂而皇之地这么穿了，这种被很多明星潮人IT Girl试水过的穿法，上身效果还不错。

无论是剪边还是卷边，这里还有几个需要谨记的穿衣Tips：1、穿破洞牛仔裤不要搭配太过花哨的鞋子，会显得累赘，最好以素色高跟鞋为主，打造超长腿型不说，露出脚踝、脚背还很性感、时髦。2、如果是七分牛仔裤，又嫌穿高跟鞋累的话，素色的帆布鞋、平底鞋、一脚蹬懒人鞋或者舒适的中跟短靴等都是不错的选择。

 | fig. 高圆圆 | cr. 上衣&裤子 Short Sentence 包 Chloé 鞋 ONDUL'圆漾

fig. **陈冰**

cr. **牛仔外套&裤子** Levi's® **内搭** BABYGHOST **腰间T恤** DO NOT TAG **包** CÉLINE **项链&手链&戒指** Folli Follie

fig. 陈燦

cr. 衬衫&裤子 Levi's® 内搭 ZARA 包 Givenchy by Riccardo Tisci 鞋 Jimmy Choo 戒指 CHAUMET fig. 宋佳

cr. 风衣&鞋&耳环 Prada 裤子 米莱达

fig. 黄景瑜

cr. 外套 MO&Co. 卫衣 PEACEBIRD MEN 裤子 Levi's® 内搭 AKOP

fig. 王鸥
cr. T恤&腰间卫衣&裤子 Levi's® 包 TOD'S 帽子 fingercroxx 腕表&戒指 CHAUMET

fig. 小白&田原

cr.
左 外套 Stella McCartney T恤 Playboy 裤子 Off-White 包 Louis Vuitton 墨镜 CÉLINE
右 外套 Maje 衬衫裙 L'AMITIÉ 帽子 Uniqlo 颈饰 MO&Co. 戒指 CHAUMET

fig. 熊黛林
cr. **外套** Makin Jan Ma **裤子** Levi's® **内搭** DO NOT TAG **包** Folli Follie

湖蓝和牛仔蓝
绝对是最默契的搭档。

iss. FB16

sect. 10 Ripped Jeans

pg. 224

fig. Jessica Jung

cr. 上衣 MO&Co. 裤子 Levi's® 包 CÉLINE 鞋 Jimmy Choo 耳环 Folli Follie

潮人们是最讨厌无聊的，每天都想要有新花样，有人觉得穿裙子出门无聊，于是潮人把20世纪90年代的吊带裙重新穿出门了，并且在裙子里面搭T恤。有人觉得穿千篇一律的紧身裤装无聊，于是各种面料的阔腿裤一时之间火得风生水起，并且衍生出“SKANTS”（它是Skirt和Pants两个单词的合并，裙里套穿裤子是也）。有人觉得单穿裙子或裤子都无聊，于是潮人们又在裙子里面套裤子穿着了。这种穿法很考验搭配功力，被各大秀场和秀场外潮人演绎，大家纷纷觉得这种穿法不但可以穿裙子臭美，而且妈妈再也不用担心我走光了。时尚博主Leandra Medine和Sussie Lau就经常把纱裙套在裤子外面穿。但是很快，潮人们又厌烦了这种穿法。时尚界的弄潮儿总是在寻找新的创意。于是她们开始玩出新花样，叠穿！！！事实证明，只要脑洞开得够大，从来没试过的组合也有可能带来惊艳的效果。瑞典时尚博主Elin Kling，时尚编辑Candela Novembre等把皮裙罩在衬衫裙外面穿着的形象美瞎路人，成为经典，各路潮人、博主也都纷纷演绎这种时髦穿法。在早晚温差变大、单件衣服难以御寒的秋冬之交，裙子叠穿简直就是超级实用又惊艳的混搭法宝啊。潮人们更是可以借此展示自己无敌的搭配功底。你是不是跃跃欲试了？当运动鞋可以配吊带裙，当高街品牌可以配奢华高定，当秋天的毛衣可以搭配夏天的雪纺，当腰带要系在围巾外面了，当内衣可以外穿了，最不用担心穿得无聊，最知道怎样才能穿得有趣的《FB范儿》告诉你，时尚就是颠覆一切，混搭才是王道，裙子就要叠穿才时髦！

最常见的叠穿是连衣裙外罩半裙，夏天的一排扣牛仔短裙把扣子解开就可以在秋天继续穿，穿在腰间系一两颗纽扣就好，裙子呈A字状还可以显腰细。牛仔半裙是比较容易尝试的款式，如果想挑战一下难度，也可以尝试皮裙，内搭衬衫裙或者毛衣裙都可以，搭配要点是，无论你怎么穿，内外裙子的颜色都要避免重复，裙长避免相同，色彩有深浅，裙长不一，层次感才丰富并且不会显得突兀。还有半裙搭半裙，搭配理念和半裙罩连衣裙相似；如果你还想尝试不一样的，可以连衣裙内搭半裙、连衣裙搭连衣裙、背心裙搭背心裙等。

fig. **Kiko Mizuhara&韩火火**

cr. **左 上衣** PEACEBIRD WOMEN **连衣裙** DIESEL BLACK GOLD **包** Prada
腕表&耳环&戒指 CHAUMET **右 外套&卫衣** AKOP **T恤** DO NOT TAG

fig. 王珞丹

cr. 上衣&裤子 Stella McCartney 包 Miu Miu 腕表&戒指 CHAUMET

用牛仔衬衫套穿衬衫裙，
层次丰富又有趣。

fig. 高圆圆

cr. 衬衫 PEACEBIRD WOMEN 牛仔裙 MO&Co. 鞋 Chloé 手环 Amazfit

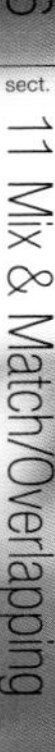

fig. 齐溪

cr. 外套 MO&Co. 连衣裙 DIESEL 包 ISERIES 项链&耳环&戒指 CHAUMET

cr. 左 连衣裙 Hood By Air from JOYCE 短裙 Dsquared2 from JOYCE 包 DISSONA
右 毛衣&裙子 MUGLER from JOYCE 内搭 Prada 包 Givenchy by Riccardo Tisci

fig. 张俪

cr. 上衣&内搭 PEACEBIRD WOMEN 包 LOUIS QUATORZE
墨镜 Gentle Monster 腕表&戒指 CHAUMET 耳环 Miu Miu

fig. 朱丹

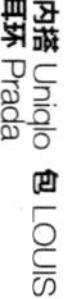

cr. 针织衫 ZHANG YUHAO 内搭 Uniqlo 包 LOUIS QUATORZE
鞋 Vans 项链 Folli Follie 耳环 Prada

fig. 马苏

cr. 衬衫裙 PEACEBIRD WOMEN 牛仔裙 DO NOT TAG 包 Chloé

fig. 王珞丹

cr. 衬衫&耳环 Miu Miu 裙子 Chrisou by Dan 包 LOUIS QUATORZE

fig. 欧阳娜娜

cr. 上衣&T恤&裤子&帽子 CHANEL

要在几年前，“内衣外穿”这个选题一出来大概就会有人报警了吧？不过你看麦奶奶20世纪80年代就已经公开表演胸衣喷火了，随着时尚越来越普及，我国民风也“越来越开放”，内衣外穿到如今绝对是个时髦且稀松平常的事情了，对吧？

内衣最开始当然是功能性主导的单品，比如为了衬托女性胸部的胸衣、睡觉时穿脱自如又舒服的睡裙以及宽袍大袖的睡衣套装。后来为了美观和适应一些“特殊场合”，蕾丝啦、透视啦也纷纷加入内衣的行列，这时轮到了美观主导。到了现在，脑洞大开的时尚圈为了丰富日常装扮的时髦度，将这些以往“羞于见人”的单品，摇身一变成了可以招摇过市的尖儿货。最开始适应内衣外穿的单品应该就是运动胸衣了，当然这也是功能性主导下的产物，然后大批的内衣开始时装化，吊带睡裙、睡衣套装、连胸衣也能真空上阵地穿出门——像Beyonce、Rihanna等欧美明星更是把Body Suit（连体内衣）穿成了标志。这回我们就来讲一讲这些内衣是如何时髦地统治世界的吧！

什么？你以为内衣外穿就是把真实的内衣套在外面？Excuse me？？？如今的内衣外穿可不同于以往那种柔美又有一丝轻佻的贴身内衣了，内衣外穿指的是拥有内衣形状的百搭小能手了好吗？比如内衣内搭一件衬衫就很有个性，而把衬衫敞开在内衣外面打个结立刻就变成了另一种风情；进阶者也可以在针织背心外面搭个内衣，时髦且不羁；抹胸也是内衣外穿的一个重要分支，并且接受度相当之高，无论是西服套装还是长摆伞裙，都能轻松驾驭。还有那种叫作“Slip Dress”的睡裙，都是经过大批女明星认证过的时髦单品，无论是出席活动还是派对你都能看到它的身影。除了单穿、搭配贵妇外套，你也可以选择内搭个高领毛衣或者T恤衫，去年秋冬的Miu Miu就是这么干的。还有秀场外一抓一大把的睡衣套装爱好者，时髦到无论男女都人手一套，分开搭配也别有风味，睡衣上装搭配阔腿裤、睡裤和高领毛衣也是相当合拍。很多造型师甚至将连体内衣搭配牛仔热裤，除了在海滩，穿上街也没有什么不妥，连宇宙网红Rihanna都说过，她要么就不穿Bra要么就只穿Bra。当然，我们是不会介绍太过激进的造型给大家的，但只要你掌握了内衣外穿的技巧，离“时装精”的称号就越来越近咯！

这次我们也找来了一些时髦又超前的FB Girl来演绎一下内衣外穿的造型，相当具有指导意义，大家赶紧比对着自己的衣橱，搭出属于你的FB风格吧！

GUCCI

iss. FB16
sect. 12 Inside Out
fig. 江疏影
cr. 吊带&衬衫 MO&Co. 裤子 Levi's® 包 Gucci 耳环&戒指 CHAUMET

iss. FB16
sect. 12 Inside Out
pg. 252
fig. 李沁
cr. 背心 PEACEBIRD WOMEN 连衣裙 Rocket&Lunch from i.t 包 LOUIS QUATORZE
鞋 HOGAN 腕表&耳环&戒指 CHAUMET

fig. 林允

cr.
外套 Nic is coming from NPC T恤 DO NOT TAG 吊带&包 Givenchy by Riccardo Tisci
裙子 PEACEBIRD WOMEN

GIVENCHY
PARIS
HOLD ON
IS COMING

fig. 马苏

cr. **外套** Miu Miu **上衣** PEACEBIRD WOMEN **吊带裙&鞋** Givenchy by Riccardo Tisci **包** Folli Follie

 fig. Angelababy

cr. 大衣 Ground Zero 上衣 Prada 吊带裙 Givenchy by Riccardo Tisci
包 CÉLINE 鞋 Giuseppe Zanotti Design 手镯&戒指 Nialaya 耳环 Miu Miu

酷帅的超大机车夹克
配搭充满女人味的睡衣裙，
有趣又充满玩味。

fig. 宋茜

cr. 衬衫&颈饰 MO&Co. 吊带裙 ZARA 包 Givenchy by Riccardo Tisci 鞋 KG*Kurt Geiger from I.T

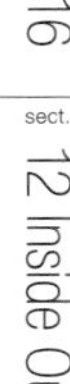

fig. 王鸥

cr. **吊带** COMME MOI **T恤** DO NOT TAG **裙子** LOW CLASSIC from YOHO! 有货
包 DOLCE&GABBANA **手链&戒指** Folli Follie

fig. **Melinda Wang**

cr. **上衣** Victoria Beckham **裤子** American Apparel **包** CHANEL **墨镜** Gentle Monster

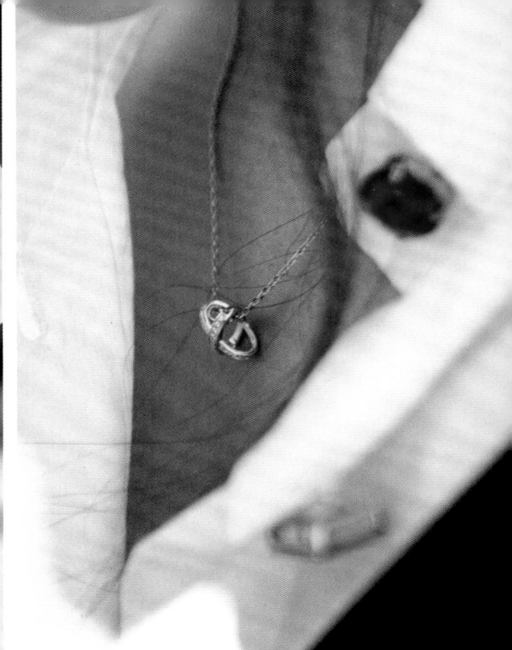

fig. 周雨彤

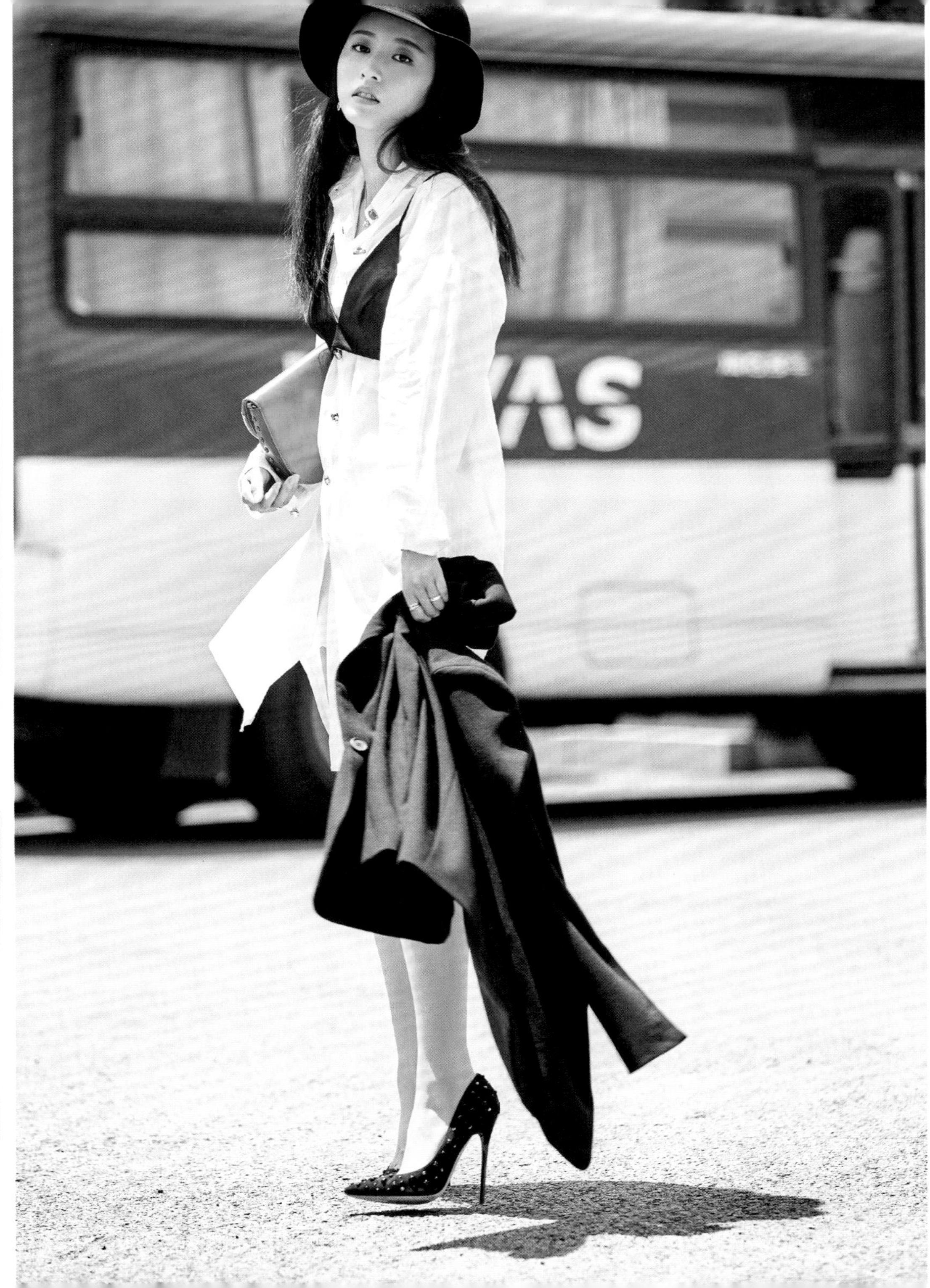

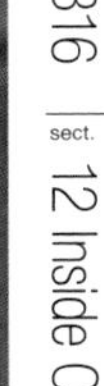

cr. 外套&衬衫 CELEBEE 吊带 fleamadonna 包 Folli Follie 鞋 Jimmy Choo
帽子 Uniqlo 腕表&项链&耳环&戒指 CHAUMET

fig. 秦岚

cr. 吊带 MO&Co. 衬衫 Edition10 by MO&Co. 包 LOUIS QUATORZE
鞋 Short Sentence 帽子 Uniqlo 腕表 CHAUMET

fig. 宋佳

cr. 吊带 Ann Demeulemeester from I.T 连衣裙 Dries Van Noten from Lane Crawford
包 Gucci 耳环 De Yeen

fig. 谭卓

cr. **大衣** Burberry **吊带裙** YOUPPIE! **颈饰** ETRO **墨镜** Gentle Monster

运动，蛮笼统的一个话题，究竟是全心全意地在功能性运动一条路走到黑呢，还是凭着喜好在时装化运动的大潮下赶赶时髦？在我们看来，两者都对，搭好了都好看。但是作为一个称职的时装精，或者有这样或那样的身高身材不足，还是时装化运动更靠谱。功能性运动相对而言没那么容易穿得时髦，选择又少，毕竟不是每个人都是超模和C罗。但时装化运动就不同了，它百搭，个性，并且“物尽其用”，让你充分享受混搭的快感。你不必非为了一条紧身裤去硬买一件运动内衣，也不用为了新买的运动外套搭不到合衬的运动裤而窝火，反正还有牛仔裤（时装化）呢。

好了，既然定下来这章中咱们讲的是更加亲和易懂的时装化运动，我们就来好好分析一下这种风格。其实时装化运动风格也是蛮妙的，它是时装借鉴了一部分运动服的设计灵感，弱化了一些特殊的功能性而来，这令它有着时装的时髦简洁和高街，又有着运动风的舒适百搭，是作为一类服饰而存在的。这种风格的影响之大堪比牛仔（好吧我就是喜欢讲什么都捎带上牛仔）,连高冷的大牌们也纷纷推出了运动风格的服装和配饰，Alexander Wang等年轻设计师更是凭借对高街运动的精准把控而跻身热卖品牌之列。不过呢现在所说的时装化运动，指得更多的是搭配上面的手法，这种风格更好拿捏也更好上手，对身材也没那么挑，基本上怎么搭配都不太可能触到雷区——无论什么造型，加入一丝运动元素就算时装化的运动风咯！比如超模们热爱的牛仔外套搭全套健身衣，高冷得不可一世的阔腿裤搭配运动鞋，或者只是一件有着球衣Slogan印花的T恤式长裙和一双球鞋，全身有一个或者N个运动元素就算大功告成，简直时髦又方便！运动风格的最棒之处就是可以让过于死板的造型一秒变得个性又接地气。OL套装穿得烦了？脱下累死人的恨天高，换上球鞋试试。还有层层叠叠的乌干纱半裙，想不那么娘？套一件个性的卫衣上去。以及把高领针织衫下面的阔腿裤换上有侧边设计的运动裤，立刻变得时髦又鲜活，就连贵妇气十足的皮草大衣，你也可以面不改色地蹬双运动鞋出街，将“上半身像诗人下半身像流浪汉”的范儿进行到底！

最后，想要尝试运动风的各位可以看看这些时髦的《FB范儿》男孩女孩们，他们基本上已经把运动的N种可能性给演绎出来了，无论你喜欢哪种运动风都能找到又美又时髦的范本。所以，让我们一起蹬着小白鞋，穿起棒球衫，将运动风进行到底吧！

iss. FB16
sect. 13 Sports
pg. 274
fig. 刘涛
cr. 上衣 Ground Zero 裤子 L'AMITIÉ 包 LOUIS QUATORZE 项链&耳环&戒指 CHAUMET

fig. 吴千语

cr. 外套 ISERIES 卫衣 AKOP 裙子 DO NOT TAG 包 CÉLINE 戒指 CHAUMET

iss. FB16 | sect. 13 Sports | pg. 276 | fig. 王子文 | cr. 上衣 fingercroxx 内搭 ZARA 包 LOUIS QUATORZE 鞋 HOGAN 帽子 Vans 腕表&耳环&戒指 Folli Follie

fig. 李晨&韩火火

cr. 左 **外套** PLUS CRASH from NPC **裤子** TLD from NPC **帽子** Nick Fouquet from NPC
右 **外套** PLUS CRASH from NPC **帽子** Club Monaco

fig. Rigel Davis

cr. 外套 Mihara Yashihiro 上衣 BALENCIAGA 短裤 Alexander Wang 包 TOD'S 手镯&戒指 Nialaya fig. 齐溪

cr. 上衣 MO&Co. 裤子&内搭 Edition10 by MO&Co. 腰包 "BEARTWO"
包 TOD'S 鞋 KG*Kurt Geiger from I.T 耳环&戒指 CHAUMET

cr. **外套&内搭&鞋&墨镜** Saint Laurent **裤子** Sandro **项链** Jennifer Fisher

PENN
INGTON
TREET
AND
UN
NG

fig. 李晨

cr. **外套** PLUS CRASH from NPC **裤子** TLD from NPC **帽子** Nick Fouquet from NPC **腕表** CHAUMET

fig. 朱丹

cr. **外套&裤子** MO&Co. **上衣** adidas Originals **包** Prada **鞋** STUART WEITZMAN **耳环&戒指** CHAUMET

fig. 刘涛

cr. 外套 LACOSTE 内搭 Levi's® 半裙 ISERIES 包 TOD'S 鞋 STUART WEITZMAN

fig. 高圆圆
cr. 上衣 PEACEBIRD WOMEN 裤子 MO&Co. 包 TOD'S 鞋 ONDUL'圆漾 项链 Amazfit

fig. 郑希怡

cr. 夹克 fingercroxx 内搭 ZARA 裤子 Levi's® 包 Miu Miu 鞋 Jimmy Choo 手链 CHAUMET

fig. 夕又米

cr. **外套&衬衫&裤子** MO&Co. **内搭** Uniqlo **包** Fendi **鞋** Vans **墨镜** Prsr **项链** CHAUMET

cr. 左 **外套** Burberry **内搭** AKOP **腕表** CHAUMET
右 **外套** Burberry **裤子** Saint Laurent **墨镜** BLANC & ECLARE **腕表** CHAUMET

fig. 周笔畅

cr. **上衣** Chloé **裤子** PEACEBIRD WOMEN **包** DISSONA **手镯** Folli Follie

fig. 纪凌尘

cr. 外套&卫衣 PEACEBIRD MEN 裤子 Levi's®

fig. 张若昀

cr. 上衣&裤子 PEACEBIRD MEN 腰间衬衫 Levi's® 鞋 BING XU

一提到“长”字，不知道多少女生已经开始对自己的身高捏了一把汗。因为随便翻翻一些国外的街拍就有不少自诩时尚的博主被长外套吞得连腿都不剩了……当然了，长外套那潇洒大气的廓形并不是人人都Hold得住的，但是我觉得，利用混搭的乐趣来战胜身高的不足，让长外套飞入寻常女孩的衣柜，不就是时尚的真谛吗？所以，暂时忘掉你的身高，来和我们一起拿下这时髦的长外套吧！

尽管刚刚“指责”了长外套对我们这些身材普通的小老百姓不那么友好，但其实长外套的时髦总归是无可匹敌的啊。对于一件可能投资不菲的长外套，肯定要从颜色开始就仔细挑选一番。长外套的首选颜色绝对是有着能把一切造型变得高级的驼色，还有万年经典的黑白灰，以及大牌设计师们钟爱的格纹元素。再者就是细节，有人喜欢各种贴袋绗缝等细节设计的，选战壕大衣款风衣准没错，喜欢时髦百搭一点儿的可以买茧形大衣，而想要女人味多一点儿的，收腰款就最适合了。还有一些解构设计的，比如各种拉链装饰，或者多出一个袖子的那种，如果觉得自己可以驾驭或者就想走这种与众不同的高冷范儿，可以尝试一下。在材质上的选择就更多了，飘逸的风衣面料，庄重的呢子面料，还有华丽的皮草和剪羊毛面料，这几年又开始流行酷劲十足的皮革和漆皮面料，以及实验性多一些的PVC科技面料，当然各有各的好，不过说到搭配性，可能仍旧是传统面料（风衣、呢子、皮草等）略胜一筹。说回搭配，如果说长外套确实会让一部分女生的身高不足以凸显出来，那么它的超级藏肉功能绝对弥补了这一点（毕竟要是真的身宽体胖的话腿肯定也瘦不到哪里去啊），最近几年的长外套还总是伴随着大廓形一并出现，这绝对是微胖界女生的福音，无论是小胖胳膊还是水桶腰以及最粗的那一截大腿，都能被完美地隐秘起来，风衣配连身裙就是很棒的选择。而对于那些身高不足却瘦死人的女孩，长外套也是可以秒变身材优势的大杀器，比如半穿不穿或者敞开外套，内搭选择那种超显腿长的Crop上衣和高腰牛仔热裤或迷你裙，搭配尖头恨天高，就立刻变成两米大长腿。而不在意比例只想要时髦的女生或者身高优势明显的长腿星人，可选择的造型那就更多了。大衣睡裙配球鞋，性感撩人又高街；大衣内搭连身裤，打造摩登OL女郎；大衣搭配阔腿裤，帅气又不羁；大衣配牛仔，简直是再时髦不过的事情了……

可男可女，可胖可瘦，长款外套绝对是穿得比说得好看得多的主儿，所以大家赶紧看看这些FB范儿男孩女孩们是如何驾驭长款外套的吧，绝对能给你更多的灵感！

fig. 何穗

cr. 外套 Burberry 上衣 Monki 裙子 C/meo Collective 包 COCCINELLE 腕表 Folli Follie

fig. 张梓琳
cr. 大衣&鞋 CÉLINE 上衣 Levi's® 裙子 FRONT ROW SHOP from YOHO! 有货 包 Chloé

iss. FB16

sect. 14 Long Coat

pg. 304

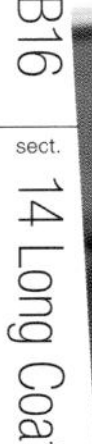

fig. 小白&田原

cr.
左 外套&包&鞋 Louis Vuitton 迷彩外套 GUITY PARTIES 短裤 Hood By Air
右 外套 ALEXANDER.T.ZHAO 上衣 AKOP 包 Burberry 鞋 Short Sentence 帽子 Vans 戒指 CHAUMET

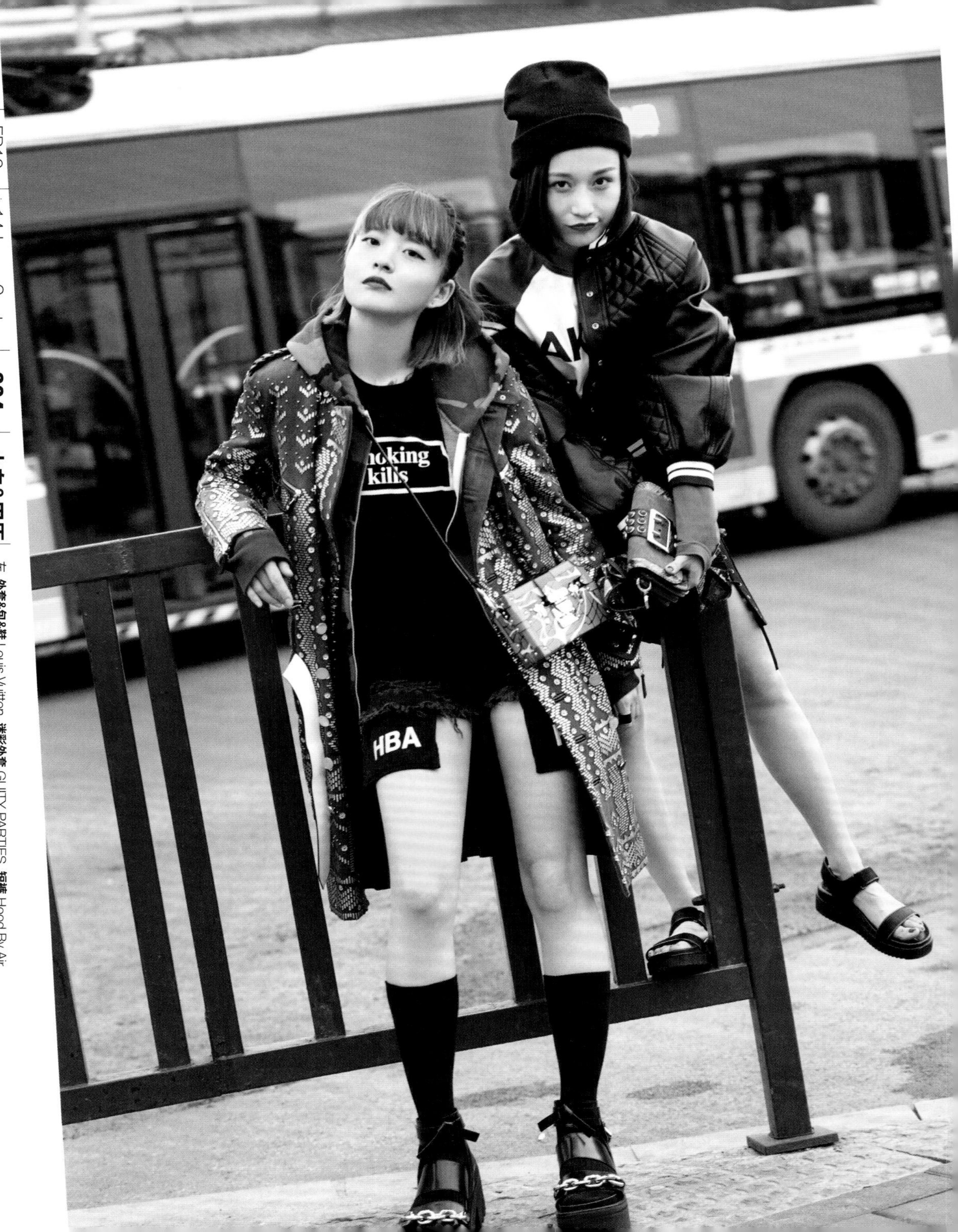

竖条纹外套和星星印花靴，
绝对是两大时髦元素的精彩混搭

fig. Justine Lee

cr. **外套&T恤** LOEWE **裤子** ZARA **鞋** Vetements **墨镜** Saint Laurent **耳环&戒指** CHAUMET

fig. 齐溪
cr. 外套 Chrisou by Dan T恤 DO NOT TAG 吊带 COMME MOI 裤子 LOW CLASSIC from YOHO! 有货
包 LOUIS QUATORZE 鞋 CÉLINE 项链&戒指 CHAUMET

fig. 熊黛林

cr. 外套 MO&Co. 上衣 DO NOT TAG 裤子 MARRKNULL 包 LOUIS QUATORZE 鞋 CÉLINE

cr. 外套 MO&Co. 衬衣&短裙 FORCHEN FORTUNE 包 Michael Kors Collection 鞋 CÉLINE 耳环&戒指 CHAUMET

fig. **Jessica Jung &韩火火**

cr.
左 **外套&裤子** PEACEBIRD WOMEN **内搭** ZARA **包** Burberry **项链** CHAUMET
右 **风衣** FRONT ROW SHOP from YOHO! 有货 **T恤** PEACEBIRD MEN **背带裤** Levi's®
鞋 Vans **墨镜** BLANC & ECLARE **腕表** CHAUMET

iss. FB16

sect. 14 Long Coat

fig. 舒淇

cr. 外套 COMME MOI 连衣裙 Michael Kors Collection 包 Saint Laurent 鞋 Jimmy Choo 耳环 Prada

cr. 外套 COMME MOI 上衣 YOUPPIE! 裤子 LOW CLASSIC from YOHO! 有货
包 Brooks Brothers 鞋 KG*Kurt Geiger from I.T 戒指 CHAUMET

我知道时髦的你一定发现了，每一季的时装周，秀场外时尚达人们的街拍里都少不了针织的身影，无论春夏与秋冬。是的，针织这个我们《FB范儿》讨论最多的单品，早已不知不觉一跃成为秋冬之际保暖和Chic兼具的时尚圣品；春天到来的时候也没有比穿着清新的Missoni针织迎接春意盎然更时髦的事了；夏天更少不了针织的身影，因为反季节穿衣更时髦，爱打扮的时髦人自然也不会放过这个凹造型的机会。是的，针织早已不再只是妈妈织出来的套头毛衣、爸爸穿的毛背心，它已经从设计师手中悄然演变出丰富多样的款式，什么粗棒针麻花毛衣啦，镂空针织罩衫啦，针织开衫啦，一字领露肩、泡泡袖、水袖、针织连身裙啦，以及不同的工艺，包括印花、刺绣，和其他材质拼贴使用，条纹图案等，无论是修身基础款针织羊绒衫，还是造型夸张、图案有趣的款式，你总能在街头巷尾的潮人身上看到针织的影子，相信此刻在看这本书的你的衣橱里也会有N件针织衫。

事实上，纵观2017春夏秀场，无论是Gucci的复古文青范儿花朵刺绣套头毛衫，还是Balmain的条纹图案粗针织连衣裙，抑或是简简单单的修身基本款，针织已经被设计师宠坏，越来越多地出现在我们的视野中，充实我们的衣橱。名媛Olivia Palermo穿着出自设计师Carolina Herrera之手的针织衫搭配短裤和纱裙步入婚姻殿堂的形象更是成为经典。细数了针织的火爆程度以及款式多样性，接下来让我们探讨一下怎么把款式多样、功能各异的针织和其他服装搭配在一起玩儿出花样。基础款的针织，基本可以代替T恤的功能，能搭配各种材质（皮革、牛仔等）、图案的裙子（迷你裙、A字中裙、过膝长裙等），搭配短裙俏皮，搭中裙知性，搭长裙优雅；如果你是个职场女强人，那么可以选择搭配裤子，今年火遍宇宙的阔腿裤是你凹造型&一秒变时尚的不二之选。稍微厚一些的麻花套头毛衣，保暖性好得没话说，是可以一秒把秋天变成春天的温暖存在，但同时自带复古、粗旷属性，这时就可以搭配面料柔软一些的阔腿裤中和掉粗麻花的硬朗，何仙姑的这身Levi's®毛衣搭配CHEAP MONDAY同色系阔腿裤，大概一千块左右的预算，就能穿出大牌的效果。镂空钩花针织，性感撩人，可以内搭吊带，下装搭配中性裤装，增添一丝男孩子气的俏皮可爱。高领毛衫妩媚动人，和硬朗皮革裙有奇妙的化学反应，上松下紧，优雅迷人。针织开衫就完全可以当作长款外套穿着。图案细节丰富的针织，就可以用一些基本款来平衡一下。比如金大川（你们的老公）穿的Prada印花图案套头毛衣，就搭配了H&M的平价基础款牛仔裤和Vans经典帆布鞋，这种奢侈品牌和高街的混搭，往往能碰撞出别样的火花，这种混搭也是《FB范儿》最爱推的。

fig. 高圆圆

cr. 裤子 MO&Co. 包&手链 Chloé

iss. FB16

sect. 15 Knit

pg. 324

fig. 郭碧婷

cr. 外套 MO&Co. T恤 Monki 裙子 PEACEBIRD WOMEN 包 TOD'S 项链&戒指 CHAUMET

万能白Tee配上铅笔裙，外搭长款针织衫，既减龄又有亮点。

iss. FB16
sect. 15 Knit
pg. 325
fig. 刘涛
cr. 上衣 Ports 1961 裙子 MARRKNULL 包 CÉLINE 耳环 CHAUMET

fig. 韩火火

cr. 毛衣外套 Salvatore Ferragamo 皮夹克 Mulberry 裤子 PEACEBIRD MEN
包 LOEWE 鞋 Louis Vuitton 帽子 Club Monaco 墨镜 Miu Miu

fig. Vanessa Hong

iss. FB16
sect. 15 Knit
pg. 328
fig. 李艾
cr. 上衣 CHEAP MONDAY 裤子 Short Sentence 内搭 Uniqlo 包 Michael Kors Collection 项链&耳环&戒指 CHAUMET

吴昕

cr. 上衣 PEACEBIRD WOMEN 裙子 LOW CLASSIC from YOHO! 有货 包 ISERIES

iss. FB16
sect. 15 Knit
pg. 331
fig. 金大川
cr. 毛衣&裤子&内搭 PEACEBIRD MEN 肩上外套 VALENTINO 包 PERNELLE
鞋 H&M STUDIO 腕表 CHAUMET

fig. 高圆圆

cr. 上衣 Makin Jan Ma 裤子&内搭 MO&Co. 包 Chloé 鞋 ONDUL'圆漾

fig. 江疏影

cr. 毛衣 MICHAEL Michael Kors T恤 Monki 裙子 Love Moschino
包 DISSONA 项链&耳环 Folli Follie

fig. 袁姗姗

cr. 上衣 Ground Zero 裙子 MARRKNULL 包 DISSONA 颈饰 ETRO

fig. 张慧雯

or. 上衣+XINZHAN Paris 包 LOUIS QUATORZE

iss. FB16 | sect. 15 Knit | pg. 336

fig. 何穗

cr. 上衣 Levi's® 裤子 CHEAP MONDAY 包 Michael Kors Collection 手链&耳环&戒指 Folli Follie

fig. 郑希怡

cr. **上衣&裤子** PEACEBIRD WOMEN **外套** Levi's® **包** Prada **腕表** Folli Follie

fig. 金大川&韩火火

cr. 左 毛衣&衬衫&内搭 Prada 裤子 H&M 鞋 Vans
右 毛衣&衬衫&内搭 Prada 裤子 PEACEBIRD MEN 鞋 Vans 墨镜 Miu Miu

iss. FB16

sect. 15 Knit

pg. 340

fig. 张碧晨

cr. 连衣裙 PEACEBIRD WOMEN 包 DISSONA 帽子 Uniqlo 耳环&戒指 CHAUMET

iss. FB16
sect. 15 Knit
pg. 341
fig. Jessica Jung
cr. 上衣 CHICTOPIA 包 Stella McCartney
用毛衣的Oversize
对比这件下摆的超短，

针织衫无论系在腰间
或是搭在肩膀上，都一样有型。

fig. 杨幂&韩火火

cr. 左 T恤 DO NOT TAG 针织衫 MO&Co. 半裙 TOD'S 包 Prada 腕表&项链&手链&耳环 CHAUMET
右 针织衫&包 Prada 裤子 Saint Laurent 墨镜 Miu Miu

iss. FB16
sect. 15 Knit
pg. 345
fig. 欧阳娜娜&刘昊然
cr. 左 连衣裙&鞋&帽子 CHANEL
右 T恤&裤子&鞋&围巾&帽子 CHANEL

这年头，衣服买大几码，或者穿上男朋友大号的外套和衬衫出街早已不是什么尴尬的事情，反而时髦得不得了，甚至连过于合身的衣服都开始显得特别过时。没错，又要推荐万能的超大号给你们了。并不是我们偷懒，而是超大号实在是值得一推再推、百推不厌、誓死追随的时尚万金油！别以为超大号只是胖子们用来藏肉的无奈之选，这种超大廓形的设计，不仅终结了蜂腰细臀的严苛身材准则，让微胖界人士秒变瘦子，更能令排骨精们身形不会太过单薄，衣架子属性立现。而超大号松垮的廓形、漫不经心的线条感，天生就有一种嚣张又时髦的街头态度冒出来，并且更加街头、更接地气，堪称老少皆宜的无性别单品！

这节课我们主要就是想帮助大家将超大号重新重视起来，首先了解一下超大号的“前世今生”。作为高街文化最重要的潮流指标之一，超大号的起源居然来自机智的黑人妈咪们！原来在20世纪六七十年代，普遍经济状况窘迫的黑人家庭为了节省开销，经常买大号的衣服给孩子，这样一件衣服可以穿很久，也是因为运动属性的嘻哈风格，让黑人兄弟们意外发现买宽松的衣服还挺方便运动的咧。于是超大号顺理成章地成为了嘻哈风格的经典造型。不过话说回来，热爱“黑人文化”的你们应该并不想穿成一个真实的Rapper吧？与嘻哈说唱风格不同的是，如今的超大号廓形更硬挺，并不局限于线条松散的T恤，什么大衣、卫衣、牛仔外套、棒球衫，清一色的都能搭起来。材质上也从太空棉到毛呢再到针织和皮革全部囊括，简直令人眼花缭乱、应接不暇，入门级的搭配法则就是放之海内皆准的“上松下紧”，比如超大号大衣搭配紧腿牛仔裤、超大号牛仔外套搭配运动Legging套装、超大号太空棉卫衣搭配复古高腰伞裙、超大号白衬衫搭配牛仔热裤等，利用搭配上的松弛有度，来将“不合身”或“过于肥大”的标签完美摘掉，就能轻松地驾驭超大号这个时尚小道具。另外你也可以用“宽袍大袖”来搭配“肥裤管”，比如超大号白衬衫搭配同样具有超大号属性的阔腿裤，就很有后Normocore风格的意味。

到此相信大家已经对超大号的“理论派”了如指掌了，接下来直接放点干货给你们看看，不过说了这么多呢，无非就是想告诉大家：超大号，你简直不能再值得拥有了！

fig. 林允

cr. 外套 G.V.G.V. 裙子&包 CHANEL 内搭 Uniqlo

ЧЕРНЫЙ

fig. 李丹妮

cr. 上衣&裤子&包&鞋&项链&手镯 CÉLINE

fig. 刘潇

cr. 外套 Xander Zhou T恤 VEGA ZAISHI WANG 连衣裙 JINNNN
包 Louis Vuitton 鞋 Saint Laurent

fig. 唐艺昕

cr. 外套 CÉLINE 上衣&短裤 Chrisou by Dan 包 Michael Kors Collection 耳环 Folli Follie

fig. 刘潇

cr. 外套&鞋 Vintage T恤 VEGA ZAISHI WANG 短裙 JINNNN 包 Louis Vuitton

入口 500m
DU PONT
AUTOMOTIVE
FINISHES

fig. 孙嘉灵

cr. 外套 Vetements 上衣 Alexander McQueen
短裤 Monki 包 CÉLINE

FB16 | 16 Oversize | pg. 359

fig. 孙嘉灵&王艺诺

cr. 左 外套 Vetements 上衣 Alexander McQueen 短裤 Monki 包 CÉLINE

右 上衣 Vetements 短裤 MOUSSY 包 LOUIS QUATORZE 墨镜 Gentle Monster 手链 CÉLINE

fig. 周雨彤

cr. 外套 BABYGHOST 裙子 PEACEBIRD WOMEN 背心 Ground Zero 包 FURLA 耳环 CHAUMET

嫌黑白灰太黯淡？
试试用藏蓝配鹅黄吧！

雨季

作者：周雨彤

因为天气预报说今日有大暴雨，火火取消了《FB范儿》的拍摄。我俩窝在一家书店里，他想他的事，我发我的呆，等雨。

突然火儿问我，明年的《FB范儿》还要继续做下去吗？已经是第五年了，有些累了。到了30岁，这时间过得也太快了吧。

有朋友跟我说，她觉得人生可以分成两个阶段来看：30岁之前，人是从前往后看，对未来有着无限憧憬，总觉得长路漫漫，丢掉什么都还能再捡回来。30岁以后，人就会从后往前看，觉得时间格外珍贵，能抓住的就不敢轻易放开。

由此我想到，我妈曾因为忍受不了掉了一颗牙，哭了整宿。上一次哭也是因为知道自己要开始戴老花镜了。我和姐姐像哄孩子一样地哄着在我们心中曾经如石头般坚强的妈妈，看着她慢慢卸下了身上背负的重量，学着接受自己的柔软和脆弱。

人的一生就好像是一个从孩子变成大人，再从大人变回孩子的过程。小时候爱穿成熟的衣服，到了该穿高跟鞋的年纪，却又买了一柜子的白球鞋牛仔裤。我们从一张白纸变成一幅画、一本书，最后又想再成为一张白纸。小时候那份假装深沉的天真，现在看来其实格外可爱。那是我们一生中跃跃欲试想要展开双翅的瞬间，因为不知道疼痛的重量，所以不会害怕。而如今的我们却有些胆小怕痛，怀揣了希望却又不敢去太高太远的地方。

我和火火认识是在15年的夏天，那次开始有一搭没一搭地聊天，却并不热络。后来再见是我的生日，我问他会不会唱《南山南》，他说不会，却在半夜录下这首歌给我，然后说，雨彤，认识你真好，希望你的好朋友的位置永远留一个给我。虽然他始终不承认说过这样的话，但是我还是很庆幸我们认识了彼此。

亲爱的火，还有戴上老花眼镜的妈妈。科学家说，每11个月我们就能获得一个全新的身体，所以从生理角度来说，我们其实最多只有11个月那么大。所以在遇到焦虑、疾病、痛苦时，可以告诉自己没关系，真的没关系，因为地球公转一圈以后，我们就又回到起点了。

至于明年《FB范儿》还要不要继续的问题，当时我并没有回答。现在我想告诉你，跟着当下的感受走吧。累了就像那天一样停下来发一天的呆，在书店里等雨。哦，忘记说了，那天我们等了一天的雨，最后不禁感叹，今天的太阳真好……雨呢？

Shirt

要说有什么单品可以一秒钟营造鲜明的街头潮流感，那必须是口号衫！

口号衫，也可以叫文化衫。口号衫的兴起始于20世纪60年代，几乎与波普艺术同时期被应用在服装上。最初时装设计师Tommy Roberts和Trevor Myles两个人把唐老鸭和米老鼠的形象印到了T恤上面，很快被抢购一空，之后人们把自己喜欢的事物和想说的话，印到T恤衫上，借此表达自我，这在某种程度上算是一种文化的象征，因此口号衫又叫文化衫。到了20世纪70年代，时尚界的朋克教母Vivienne Westwood开始把一些政治口号印在T恤衫上生产出售。1984年，Katharine Hamnett穿着印着“58% Don't Want Pershing”的T恤，在唐宁街伦敦时装周设计师招待会上和后来成为总理的Margaret Thatcher握了手，至此，口号衫的黄金年代来了。

到了21世纪，历久弥新的口号衫演变出了多种风格，不止局限于T恤，在衬衫、卫衣、毛衣甚至外套上都有应用。并且口号衫与其他具有前卫观念的街头元素充分融合，不断被设计师应用于T台秀场。口号衫更是以其好穿、易搭的特性不断被街头潮人演绎，变成了大众化、平民化的必备单品。时尚博主、IT girl、明星、模特都是口号衫的忠实拥趸。超模Karlie Kloss、Kendall Jenner最近都在穿它；纽约上东区最红的名媛Olivia Palermo也不止一次在Instagram中晒自己穿着口号衫的街拍。英国时装精Alexa Chung更是把口号衫作为自己的百搭圣品。在前段时间的2017春夏男装系列巴黎男装周上，设计师山本耀司以时装背后的手绘涂鸦头像和Slogan标语，赢得了极强的关注。法国品牌Maison Labiche就是一个专门做Slogan服饰的品牌，并且他家的口号不是印在衣服上的，而是用刺绣刺到衣服上，通常是小小的一行字，把代表街头文化的口号衫变得文艺腔调十足。被应用得这么广，口号衫不要太有魔性哦，那么，风靡全球的口号衫要怎么样才能穿的个性十足、不落俗套呢，这些穿衣Tips让《FB范儿》告诉你。

口号衫搭配裤装：中性风的口号衫搭配裤装，轻松搭出时尚中性风。无论是破洞牛仔裤，还是高街风的阔腿裤，都是不错的选择。要点是上衣要短小性感或者可爱，这样才能避免穿成一个真的汉子。口号衫配裙装：中性帅气的口号衫搭配裙装的就很容易了，无论是A字裙、包臀裙、中裙还是长裙、开叉裙，都可以搭出或可爱迷人，或雌雄同体的感觉。要点是如果上身是廓形感较强的不修身款式，那么下装就最好配性感一点儿的裙装或鞋子，让整体搭配性别平衡。除了这些小心机之外，本章节的《FB范儿》还为你准备了精彩范例供你参考哦，跟着《FB范儿》做一枚张扬帅气走在街头的时装精吧。

fig. 韩火火
cr. 卫衣 PEACEBIRD MEN 帽子 ADER error

iss. FB16
sect. 17 Slogan Shirt
pg. 367
fig. 秦岚
cr. **外套** SLY from YOHO! 有货 **上衣** Andrea Crews from YOHO! 有货 **包** Rfactory **帽子** fingercroxx **戒指** CHAUMET

fig. 李沁

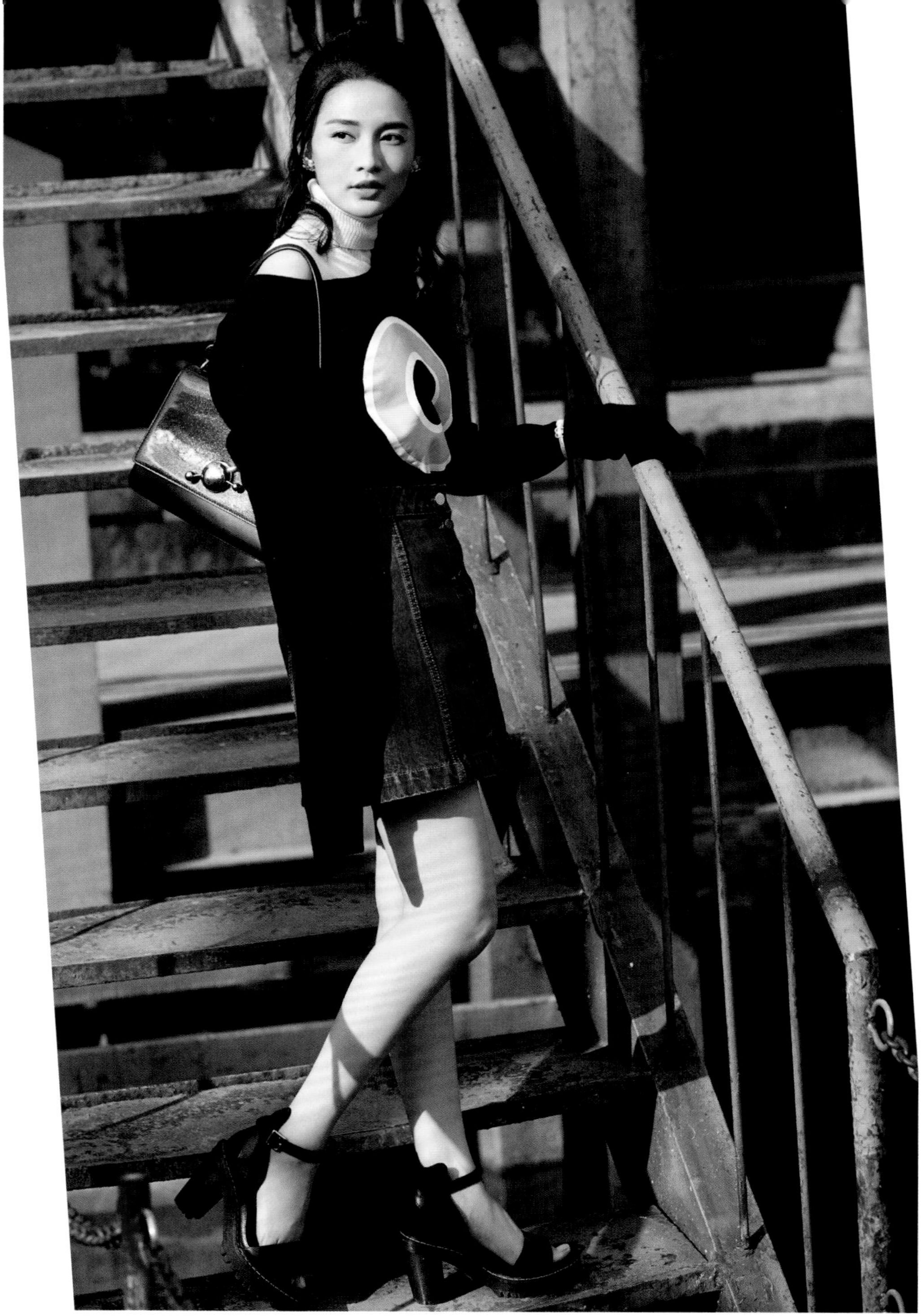

cr. 卫衣 AKOP 牛仔裙 DO NOT TAG 内搭 Uniqlo 包 DISSONA 鞋 Dr.Martens From C.P.U. 腕表&耳环 CHAUMET

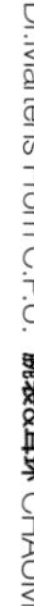

iss. FB16 | sect. 17 Slogan Shirt | 张俪

上衣 Levi's® 裙子 BABYGHOST 包 Delvaux 项链 Folli Follie

fig. 裴蓓

cr. 上衣 PEACEBIRD WOMEN 包 TOD'S 腕表&耳钉 CHAUMET

fig. 张碧晨

cr. 上衣&腰间针织衫&牛仔裤 Levi's® 包 Miu Miu 耳钉&戒指 CHAUMET

 | fig. 宋妍霏 | cr. **T恤** Calvin Klein Jeans **内搭** Monki **包** DISSONA

fig. **王艺诺&孙嘉灵**

cr. 左 **外套** G.V.G.V. **上衣** ANNAKIKI **包** LOUIS QUATORZE **项链&戒指** CHAUMET **耳环** Prada
右 **外套** PEACEBIRD MEN **上衣** ANNAKIKI **包** Givenchy by Riccardo Tisci **耳环&戒指** CHAUMET

fig. 吴千语
cr. T恤 DO NOT TAG 腰间衬衫 Levi's® 裙子 CELEBEE 包 Burberry 项链&手镯 CHAUMET

fig. 郑希怡&韩火火

cr. 左 上衣 AKOP 腰间衬衫 Levi's® 裤子 Saint Laurent
右 上衣 AKOP 包 TOD'S 鞋 CÉLINE 裤子 Uniqlo

iss. FB16 | sect. 17 Slogan Shirt | 376 fig. 周柏豪&韩火火 | cr. 左 上衣 XPX 腰间衬衫 Levi's® 裤子 Saint Laurent 鞋 Louis Vuitton 墨镜 BLANC & ECLARE
右 上衣 XPX 腕表 CHAUMET

fig. **周雨彤&韩火火**

cr.
左 **内搭T恤** DO NOT TAG **连体裤** PEACEBIRD MEN **腰间毛衣** Prada **包** DISSONA **墨镜** Miu Miu
右 **内搭T恤** DO NOT TAG **连体裤** PEACEBIRD MEN **腰间衬衫** Levi's® **包** Fendi **项链&耳环&戒指** Folli Follie

fig. 何穗

cr. 外套&裙子 MO&Co. 内搭 AKOP 包 CÉLINE 耳环&戒指 CHAUMET

TOURIST
iss. FB16
sect. 17 Slogan Shirt
pg. 379
fig. 李沁
cr. 上衣 CHICTOPIA 腰间衬衫 Levi's® 裙子 PEACEBIRD WOMEN 包 TOD'S
墨镜 Gentle Monster 手链&耳环 Folli Follie

cr. 外套 Max Mara 背心 MUSIUM DIV. 裙子 SIMONGAO 包 ZESH 项链 CHAUMET

fig. 宋妍霏

cr. 外套 PEACEBIRD WOMEN T恤 DICKIES from YOHO! 有货 半裙 LOW CLASSIC from YOHO! 有货
包 TOD'S 鞋 Dr.Martens From C.P.U.

fig. 舒淇&韩火火

cr.
左 上衣 AKOP 裤子 Raf Simons
右 外套 Gucci T恤 DO NOT TAG 裙子 MUGLER from JOYCE 包 Givenchy by Riccardo Tisci

HITACH
XPX.
咖啡
coffee
STUDIO
LABORA

Skiing
CHRISOU BY DAN

为了所有的那些未曾改变

此刻的北京，一片金灿灿的夕阳，洒在窗外的二环上，妈呀，我这么一个大石景山人居然也搬到了宇宙中心东直门……看着嗖嗖的车流，光晕中的雍和宫，居然还挺惬意。

时间倒退24小时，昨天的此时，我在洱海边的石板路上，坐在租来的Smart里，边听着2Pac的老歌，边看着天边不可思议的云，它那么低、那么低，好像伸手就能把它抓住一样。

“终于，压在心里最重要的一件事，这一年最重要的一件事，办完了。”
那一刻，我想。

我好像是个有耐心的人。今年《FB范儿》，这来之不易的五周年，历经了之前四年都不曾有过的周折，也是拍摄周期最长的一年。整整两个多月，全新的团队带着十多个大箱子走在香港闷热的街头，闯进上海的大雨里，然后马不停蹄地奔波回北京。同事开玩笑说，今年各种事情进展不顺是因为没在开拍前去潭柘寺拜拜。但我觉得，最重要的是：无论顺或不顺，我们都扛了过来，并且，我们认为值得。

我确实是个挺幸运的人。可以莫名其妙地被大家知道，得到太多支持和爱，但最幸运的是，有机会把喜欢的东西变成事业。前几天和朋友聊天，她说，到了这个年纪，却还没有遇到那个戳中自己的“点”，不知道自己喜欢干什么，也不知道该去做点儿什么属于自己的事。但我相信，无论过多久，总会有那么一刻，直接戳中她，让她知道，原来这就是从此开始直至后半生都要去做的事，自己的事。这一刻它也许来得晚，但总会来。我们要做的，就是在那一刻到来之前，做好准备，做好迎接它的准备。

我是个偶尔吹毛求疵的人。因为上述这份幸运，我一点儿都不想浪费或愧对。我喜欢把诚意做在每件过手的事情里，放在对每个人的关心和照顾里。不是说说，也从不该只是说说。我相信，用心地替人着想，真心地为人考虑，是会被感受到的。唯一会因此而受苦的，是我团队的小伙伴们，他们多半都是第一次参与《FB范儿》拍摄的新人，而我却不会因为新而放低要求。在此，我只想和她们说句辛苦了，这本书能走到今天，承载了太多人的爱和努力。只希望多年后的某天，回想起2016年这个疲惫到爆的夏天，大家都会觉得值得，会开心这本书因为有了自己的汗水，而变得有一点点不同。这本书从来都不是我一个人的，也是你们的。

最后，再次谢谢所有出镜的朋友们！你们有人已经陪我走过了第五个年头，每次在北京开车，都能记起哪一年在这里拍的谁，哪一年在那里拍的谁。《FB范儿》承载了太多记忆，而我希望每年的我们都能做得更好。希望《FB范儿》永远是我们成长的纪念册，记录着我们的变化，和那些更珍贵的不变。

写完这篇结尾文，天已经黑了，二环上的灯光觥筹交错，车流依旧，我还在听着那首2 Pac的老歌。五年了，这么快都五年了。谢谢拥有《FB范儿》的这五年，谢谢书中的每一张笑脸，谢谢我们遇见了，就没再分开，谢谢这一点，未曾改变。

aiwan

特别鸣谢以下品牌的支持与协助（排名不分先后）

MO&Co.
edition

LOUIS QUATORZE
DISSONA

独家视频媒体合作伙伴

爱奇艺 时尚

独家直播媒体合作伙伴

战略合作伙伴（排名不分先后）

KÉRASTASE
PARIS

JOYCE

STYLE
international management

特别鸣谢（排名不分先后）

王珞丹
摄影：刘健安
佟丽娅
摄影摄像：白墨水
李丹妮
@龙腾精英 统筹&形象：Macci Macci
摄影：金家吉
短片导演&后期：Datese Studio
执行制片：钟峘
高圆圆
巴黎摄影：苏洋
韩国摄影：李全
宋佳
摄影：刘健安/金亮/方韵灵
陈妍希
摄影：杨毅
郭碧婷
摄像：Moon
马苏
日本摄影：Kevin臻尚视觉

HAIR & MAKE UP

北京&上海

Angelababy
Hair&Make up：春楠
舒淇
Hair：Sev Tsang
Make up：Elvi Yang
高圆圆
Hair：赵同
Make up：张人之
高圆圆 巴黎及韩国
Hair：肖云剑
Make up：张人之
Jessica Jung
Hair：Areum Kim
Make up：RYU JONGDUK
Kiko Mizuhara
Hair&Make up：Saeki Yusuke (W)
王珞丹
Hair&Make up：王耀葳
刘诗诗
Hair&Make up：春楠
杨幂
Hair&Make up：扑克
宋茜
Hair：HAN SORA
Make up：JANG HYEJIN
林允
Hair：林晗
Make up：魏运来
佟丽娅
Hair&Make up：何磊
刘涛
Hair&Make up：张梦音
蒋劲夫
Hair&Make up：朱雪儿
王子文
Hair&Make up：田壮壮
周笔畅
Hair&Make up：传博
郭碧婷
Hair：Ida
Make up：朵朵
江疏影
Hair&Make up：Ricky
张梓琳
Hair&Make up：王耀葳
袁姗姗
Hair：李志辉
Make up：唐子昕
马苏
Hair&Make up：田壮壮
王鸥
Hair：田志勇
Make up：Ricky
唐艺昕
Hair&Make up：穆建明
秦岚
Hair&Make up：张艺潇
李沁
Hair&Make up：小超
张慧雯
Hair&Make up：Emma@ON TIME
张碧晨
Hair&Make up：杨单
张若昀
Hair&Make up：大军
裴蓓
Hair：李少玉
Make up：王杰
李丹妮
Hair：曾捷
Make up：Kevin
形象助理：胡子
张俪
Hair：娟子（SHARPIN工作室）
Make up：敏儿（SHARPIN工作室）
李晨
Hair&Make up：Lisa
宋妍霏
Hair&Make up：杨单
张雪迎
Hair&Make up：琴箫
陈冰
Hair&Make up：齐霁（齐霁造型）
吴昕
Hair&Make up：小龙
齐溪
Hair&Make up：王亚飞
朱丹
Hair&Make up：凯大奇
李艾
Hair&Make up：姜旭
陈燃
Hair：肖云见
Make up：张楠
米露
Hair&Make up：张英嗣
朱珠
Hair&Make up：刘国兰
胡冰卿
Hair&Make up：杨晶涵
田原
Hair&Make up：海丽
夕又米
Hair&Make up：杨彩姬
谭卓
Hair&Make up：徐彤
孙嘉灵&王艺诺
Hair：子龙
Make up：毛毛
何穗/马思纯/黄景瑜/纪凌尘/金大川/周雨彤/Linda
Hair&Make up：薛冰冰

香港

吴千语
Hair：OMix B
Make up：Jo Lam
熊黛林
Hair：ChrisCheng1020 @ llcolp
Make up：Zoe Fan
郑希怡
Hair：Singtam (pi4.com)
Make up：YANNES @ Ndnco
周柏豪
Hair：Cliff Chan @ Hair Corner
Make up：Kris Wong

（以上排名不分先后）

- -

图书在版编目（C I P）数据

FB范儿. 2016 / 韩火火著. -- 北京：中国画报出版社, 2016.9

ISBN 978-7-5146-1357-5

Ⅰ. ①F… Ⅱ. ①韩… Ⅲ. ①女性－服饰美学 Ⅳ. ①TS973

中国版本图书馆CIP数据核字(2016)第205893号

- -

造型：韩火火
总统筹：齐威
摄影：Oliverjune/董敏/姜通
摄像：Robin Mahieux/Olivier Herold/Hicham Meftah/Luu Anh
时装编辑：张魏
服装统筹：刘潇潇/王紫璐
艺人及媒体统筹：夏婷
助理：潘美捷/郝晨阳/马兰/郭子豪
协作：
北京-樊希曼
香港-Aman Lau/Hannah Kwong/Swan Ng/Yan Yi Chow
平面设计：Cheeers.me

FB范儿2016 韩火火 著

出 版 人：于九涛
责任编辑：郭翠青
助理编辑：魏姗姗
责任印制：焦洋
出版发行：中国画报出版社
中国北京市海淀区车公庄西路 33 号 邮编：100048
开　本：24开（889mm x 1194mm）
印　张：16.5
字　数：25千字
版　次：2016 年9月第1 版　2016 年9月第1 次印刷
印　刷：北京博海升彩色印刷有限公司
定　价：98.00 元

总编室兼传真：010-88417359　版权部：010-88417359
发 行 部：010-68469781　010-68414683（传真）